"十四五"职业教育国家规划教材

工业和信息化精品系列教材

U0742592

The Experiment and Practice of
Python Programming

Python 3

基础教程 实验指导与习题集

微课版 | 第2版

刘凡馨 夏帮贵 主编

人民邮电出版社
北京

图书在版编目（CIP）数据

Python 3基础教程实验指导与习题集：微课版 / 刘凡馨，夏帮贵主编. -- 2版. -- 北京 : 人民邮电出版社，2024.8
工业和信息化精品系列教材. Python技术
ISBN 978-7-115-64457-2

Ⅰ．①P… Ⅱ．①刘… ②夏… Ⅲ．①软件工具—程序设计—教学参考资料 Ⅳ．①TP311.561

中国国家版本馆CIP数据核字(2024)第100187号

内 容 提 要

本书是主教材《Python 3 基础教程（第 3 版）（慕课版）》配套的实验指导与习题集。本书共分为 11 个单元，单元 1～单元 10 是与主教材各单元配套的实验指导与习题；单元 11 为综合实验，综合应用主教材讲授的知识实现一个成绩管理系统。本书的实验内容均录制了视频教程，可供教师和学生参考。

本书可用作各类院校相关专业 Python 课程的实验教材，同时也可作为 Python 爱好者的自学参考书和全国计算机等级考试二级 Python 语言程序设计的考试辅导教材。

◆ 主　　编　刘凡馨　夏帮贵
　　责任编辑　赵　亮
　　责任印制　王　郁　焦志炜
◆ 人民邮电出版社出版发行　　北京市丰台区成寿寺路 11 号
　　邮编 100164　　电子邮件　315@ptpress.com.cn
　　网址 https://www.ptpress.com.cn
　　固安县铭成印刷有限公司印刷
◆ 开本：787×1092　1/16
　　印张：7　　　　　　　　　　　2024 年 8 月第 2 版
　　字数：168 千字　　　　　　　2025 年 3 月河北第 2 次印刷

定价：29.80 元

读者服务热线：(010)81055256　印装质量热线：(010)81055316
反盗版热线：(010)81055315

第 2 版前言

Python 因其功能强大、简单易学、开发成本低的特点，已成为广大程序开发人员喜爱的程序设计语言之一。作为一门优秀的程序设计语言，Python 被广泛应用到各个方面，从简单的文字处理，到网站和游戏开发，甚至于机器人和航天飞机控制，都可以找到 Python 的身影。

党的二十大报告提出："推动战略性新兴产业融合集群发展，构建新一代信息技术、人工智能、生物技术、新能源、新材料、高端装备、绿色环保等一批新的增长引擎。"将 Python 程序设计作为软件技术、大数据技术、人工智能技术应用、嵌入式技术应用等相关专业的专业核心课程或专业拓展课程，有助于培养行业发展所需的程序设计人才，能使教育更好地服务于国家新一代信息技术发展战略，也更有利于推动战略性新兴产业融合集群发展。

本书是主教材《Python 3 基础教程（第 3 版）（慕课版）》配套的实验指导与习题集，本书根据主教材内容和《全国计算机等级考试二级 Python 语言程序设计考试大纲（2023 年版）》精心编排了大量习题，基本覆盖考试大纲内容。通过学习本书，读者能循序渐进地理解和掌握 Python 程序设计方法。同时，本套教材还配套了模拟考试系统，该系统包含了依据考试大纲设计的真题题库，既可辅助读者学习 Python 程序设计知识，又可帮助读者提高等级考试通过率。

本书配套的微课视频对全书实验内容进行了详细讲解和补充，读者可扫描书中的二维码在线学习。为了方便读者学习，本书提供所有实验的源代码和习题答案等相关资源，读者可扫描封底二维码或登录人邮教育社区（www.ryjiaoyu.com）查看和下载。

本书主要内容如下所示。

单元	主要内容
单元 1 配置开发环境	实验 1：安装 Python 实验 2：使用 IDLE 交互环境 实验 3：使用 IDLE 编程 实验 4：运行 Python 程序
单元 2 Python 基本语法	实验 1：基本语法元素 实验 2：输入和输出 实验 3：使用赋值语句 实验 4：对象的引用
单元 3 基本数据类型	实验 1：数字类型及其运算 实验 2：字符串操作 实验 3：字符串处理函数 实验 4：字符串处理方法 实验 5：字符串格式化
单元 4 组合数据类型	实验 1：使用集合 实验 2：使用列表 实验 3：使用元组 实验 4：使用字典

续表

单元	主要内容
单元 5 程序控制结构	实验 1：使用 if 语句 实验 2：使用 for 语句 实验 3：使用 while 语句 实验 4：异常处理
单元 6 函数与模块	实验 1：定义素数判断函数 实验 2：定义求和函数 实验 3：模拟汉诺塔
单元 7 文件和数据组织	实验 1：读写文本文件 实验 2：用文件存储对象 实验 3：读写 CSV 文件 实验 4：数据的排序和查找
单元 8 Python 标准库	实验 1：使用 turtle 库绘制图形 实验 2：使用 random 库处理随机数 实验 3：使用 time 库处理时间
单元 9 第三方库	实验 1：安装和使用 PyInstaller 库 实验 2：安装和使用 jieba 库 实验 3：安装和使用 NumPy 库
单元 10 面向对象	实验 1：用类处理成绩数据 实验 2：类的继承
单元 11 综合实验：成绩管理系统	实现成绩管理系统，系统具有添加记录、删除记录、计算总成绩等主要功能

本书由西华大学刘凡馨、夏帮贵担任主编。由于编者水平有限，书中难免存在不妥之处，敬请广大读者批评指正。联系邮箱：314757906@qq.com。

编者
2024 年 7 月

目 录 CONTENTS

单元 1
配置开发环境

学习目的：

掌握 Python 编程环境的配置方法，掌握 IDLE 的使用方法，掌握 Python 程序的运行方法。

相关知识点：

Python 最新版本和特定版本的下载和安装、在 IDLE 交互环境中执行 Python 命令、在 IDLE 中编写和运行 Python 程序。

1.1　实验指导

1.1.1　实验 1：安装 Python

1. 实验目的

（1）掌握最新版本 Python 的下载和安装方法。

（2）掌握特定版本 Python 的下载和安装方法。

（3）掌握系统默认 Python 解释器的配置方法。

实验 1-1　安装 Python

2. 实验环境

Windows 10 操作系统。

3. 实验内容

（1）下载和安装最新版本的 Python。

（2）下载和安装特定版本的 Python（以 Python 3.9.10 为例）。

（3）将特定版本的 Python（以 Python 3.9.10 为例）解释器设置为默认 Python 解释器。

4. 实验过程

（1）下载和安装最新版本的 Python。

实验过程如下。

① 在浏览器中访问 Python 官网主页，如图 1-1 所示。Python 官网主页在 "Downloads" 菜单中为不同操作系统提供了最新版本的下载链接。

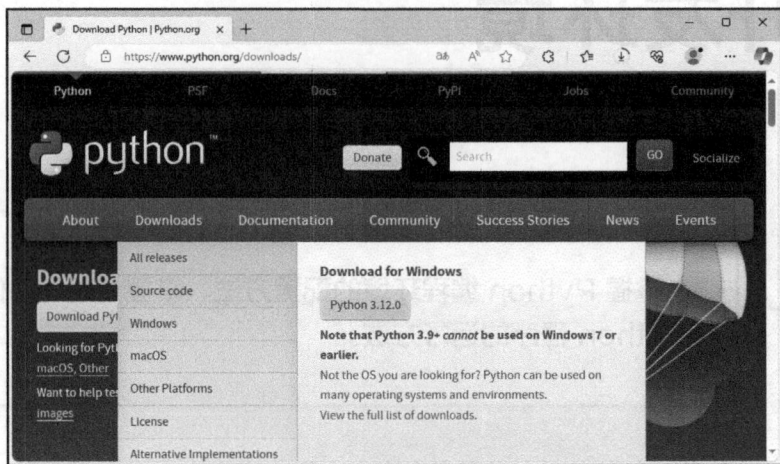

图 1-1　Python 官网主页

② Python 官网主页的 "Downloads\Windows" 菜单中显示了 Python 在 Windows 操作系统的最新版本为 3.12.0（截至本书完稿日期），单击 "Python 3.12.0" 按钮，下载安装程序。

③ 运行安装程序，执行 Python 安装操作，安装位置可指定为 "D:\Python312"。详细过程请参考配套视频教程。

> **提示**　在安装过程中，注意勾选 "Add python.exe to PATH" 复选框，将 Python 解释器程序 python.exe 的路径添加到系统环境变量 PATH 之中，从而保证在系统命令提示符窗口中，可在任意目录下运行 python.exe。

④ 安装完成后，在 Windows 操作系统开始菜单中选择 "Windows 系统\命令提示符" 命令，打开系统命令提示符窗口。

⑤ 输入 "python"，按【Enter】键运行。如果 Python 安装成功，则会进入 Python 交互环境，同时可看到 Python 的版本信息，如图 1-2 所示。如果提示 "'python'不是内部或外部命令"，则有可能是安装时没有勾选 "Add python.exe to PATH" 复选框，可参考后文的设置 Python 解释器的实验过程进行设置。

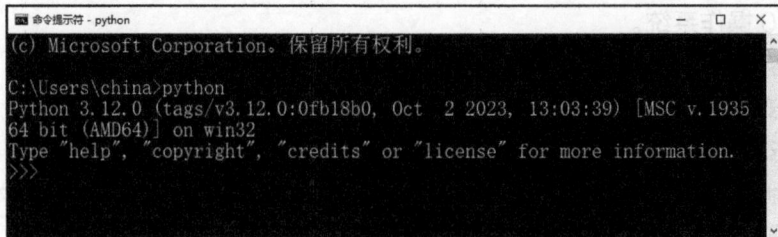

图 1-2　在系统命令提示符窗口中进入 Python 交互环境

（2）下载和安装特定版本的 Python（以 Python 3.9.10 为例）。

实验过程如下。

① 在浏览器中访问 Python 官网主页。

② 在 Python 官网主页的"Downloads\Windows"菜单中，单击"View the full list of downloads"链接，打开 Python 的所有版本下载页面。

③ 在 Python 的版本列表中找到 Python 3.9.10，单击"Download"链接进入 Python 3.9.10 下载页面，如图 1-3 所示。

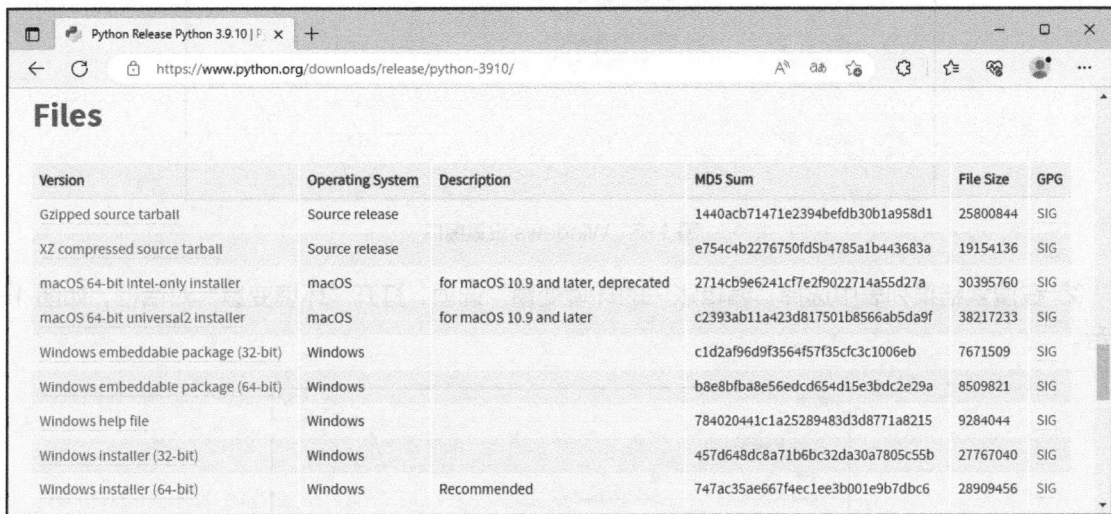

图 1-3　Python 3.9.10 下载页面

④ 在下载页面中根据操作系统下载相应的安装程序。

⑤ 运行安装程序执行安装操作，安装位置可指定为"D:\Python39"。

⑥ 安装完成后，进入系统命令提示符窗口，执行"d:\python39\python"命令。如果 Python 安装成功，可进入 Python 3.9.10 交互环境，如图 1-4 所示。

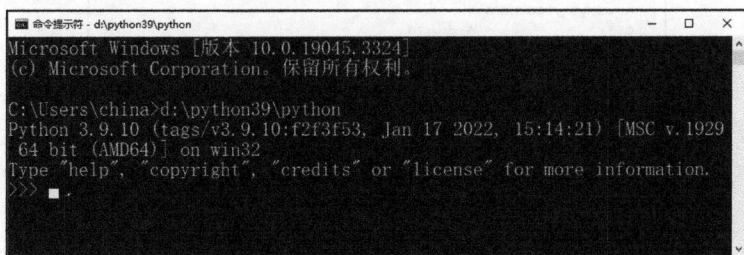

图 1-4　在系统命令提示符窗口中进入 Python 3.9.10 交互环境

（3）将特定版本的 Python（以 Python 3.9.10 为例）解释器设置为默认 Python 解释器。

在系统命令提示符窗口中，运行特定版本的 Python 解释器时，通常需要指明解释器磁盘路径，或者进入解释器所在的文件夹。默认 Python 解释器指在系统环境变量 PATH 中配置了搜索路径的解释器，它可以在系统命令提示符窗口的任意目录下运行，而不需要为其指定路径。

Python 3基础教程实验指导与习题集
（微课版）（第2版）

实验过程如下。

① 按【Windows+I】组合键，打开 Windows 设置窗口，在搜索框中输入"变量"，如图 1-5 所示。

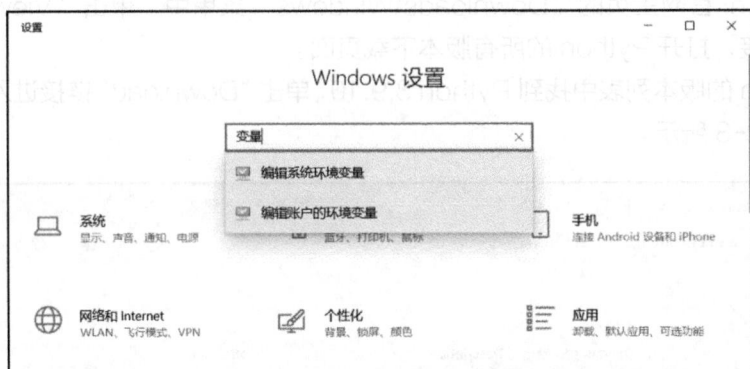

图 1-5 Windows 设置窗口

② 在搜索结果列表中选择"编辑账户的环境变量"选项，打开"环境变量"对话框，如图 1-6 所示。

图 1-6 "环境变量"对话框

③ 在用户变量列表中双击"Path"变量，打开"编辑环境变量"对话框。

④ "编辑环境变量"对话框按先后顺序列出了搜索路径。在系统命令提示符窗口中运行命令时，如果在当前目录中没有找到该命令，则会按环境变量 Path 中配置的路径进行搜索。在"编辑环境变量"对话框中双击"D:\Python312\"，使其进入编辑状态，然后将其修改为 Python 3.9.10 的安装路径，如"D:\Python39\"（注意，应同时将"D:\Python312\Scripts\"修改为"D:\Python39\

Scripts\"。），结果如图 1-7 所示。完成修改后，单击"确定"按钮关闭对话框。

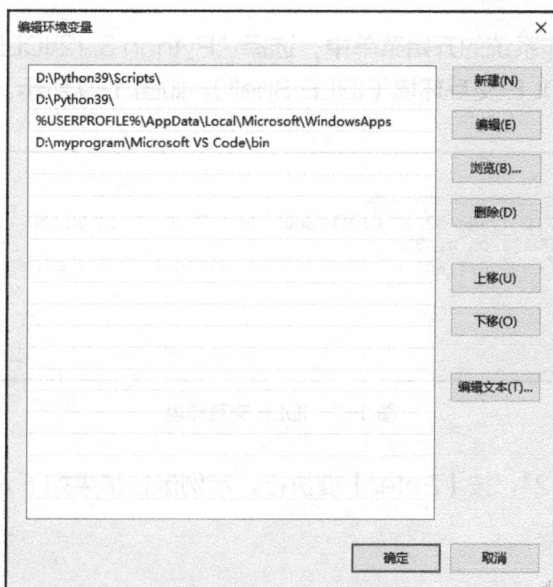

图 1-7　修改后的环境变量

⑤　重新打开系统命令提示符窗口，输入"python"，按【Enter】键运行。如果路径配置正确，即可进入 Python 交互环境，如图 1-8 所示。

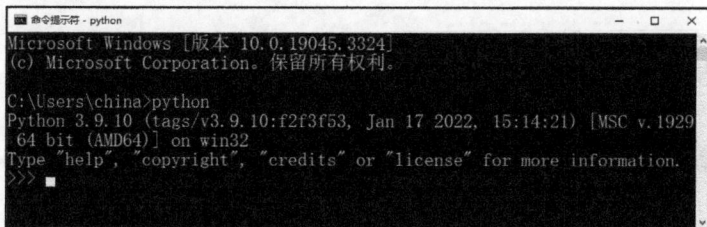

图 1-8　在非安装目录下直接运行 Python 解释器

1.1.2　实验 2：使用 IDLE 交互环境

1. 实验目的
掌握在 IDLE 交互环境中执行 Python 命令的方法。

2. 实验环境
Windows 10 操作系统、Python 3.12 IDLE。

实验 1-2　使用
IDLE 交互环境

3. 实验内容
在 IDLE 交互环境中完成下列任务。

（1）根据公式 $F=C×1.8+32$ 将摄氏温度（C）转换为华氏温度（F）。

（2）使用变量保存表达式计算结果，查看变量值。

（3）将转换公式定义为函数，调用函数完成温度转换。

4．实验过程

实验过程如下。

（1）在 Windows 操作系统的开始菜单中，选择"Python 3.12\IDLE (Python 3.12 64-bit)"命令，启动 IDLE，打开 IDLE 交互环境（IDLE Shell），如图 1-9 所示。

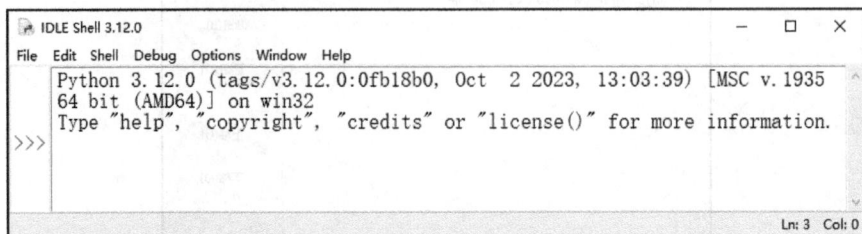

```
IDLE Shell 3.12.0                                        —  □  ×
File  Edit  Shell  Debug  Options  Window  Help
Python 3.12.0 (tags/v3.12.0:0fb18b0, Oct  2 2023, 13:03:39) [MSC v.1935
64 bit (AMD64)] on win32
Type "help", "copyright", "credits" or "license()" for more information.
>>>

                                                        Ln: 3  Col: 0
```

图 1-9　IDLE 交互环境

（2）输入"30*1.8+32"，按【Enter】键执行，示例运行结果如下。

```
>>> 30*1.8+32
86.0
```

IDLE 交互环境中的">>>"为命令提示符，在其后输入命令，然后按【Enter】键即可执行相应命令，命令输出结果显示在下一行。

（3）按【Alt+P】组合键，在命令提示符后显示刚执行过的表达式"30*1.8+32"。按【←】键将光标移动到表达式最前面，输入"f="，按【Enter】键执行，示例运行结果如下。

```
>>> f=30*1.8+32
```

表达式的计算结果保存在变量 f 中，所以不会有输出结果。

（4）输入"f"，按【Enter】键执行，查看变量值。再输入"print(f)"，按【Enter】键执行，查看用 print()函数输出的变量值。示例运行结果如下。

```
>>> f
86.0
>>> print(f)
86.0
```

（5）输入"def f(c):"，按【Enter】键。此时因为是在定义函数，所以按【Enter】键不会执行代码，而是换行。换行后，输入"return c*1.8+32"（注意 IDLE 自动添加了缩进），按【Enter】键换行，再按【Enter】键结束函数定义，同时会运行代码完成函数定义，示例运行结果如下。

```
>>> def f(c):
    return c*1.8+32

>>>
```

（6）输入"f"，按【Enter】键执行，此时会显示函数在内存中的地址。输入"f(30)"，按【Enter】键执行，查看温度转换结果。再输入"f(40)"，按【Enter】键执行。示例运行结果如下。

```
>>> f
<function f at 0x0000027B09101D30>
```

```
>>> f(30)
86.0
>>> f(40)
104.0
```

1.1.3 实验 3：使用 IDLE 编程

1. 实验目的

掌握在 IDLE 中编写和运行 Python 程序的方法。

2. 实验环境

Windows 10 操作系统、Python 3.12 IDLE。

3. 实验内容

在 IDLE 中编写一段程序，输出 Python 的版本信息。

实验 1-3　使用
IDLE 编程

4. 实验过程

实验过程如下。

（1）在 Windows 操作系统的开始菜单中选择"Python 3.12\IDLE（Python 3.12 64-bit）"命令，启动 IDLE。

（2）在 IDLE 交互环境中选择"File\New File"命令，打开代码编辑窗口。

（3）在代码编辑窗口中输入下面的代码。

```
import sys                    #导入 sys 模块
print(sys.version)           #输出 Python 版本信息
```

（4）按【Ctrl+S】组合键保存程序，将文件保存到 D 盘根目录，并将文件命名为"getver.py"。文件保存完成后，代码编辑窗口如图 1-10 所示。

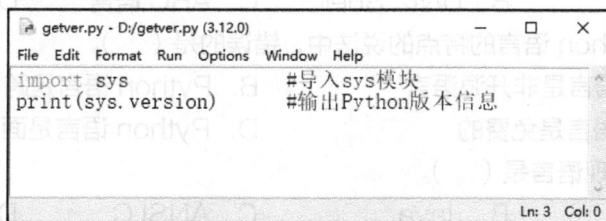

图 1-10　代码编辑窗口

（5）按【F5】键运行程序，程序输出结果显示在 IDLE 交互环境中，如图 1-11 所示。

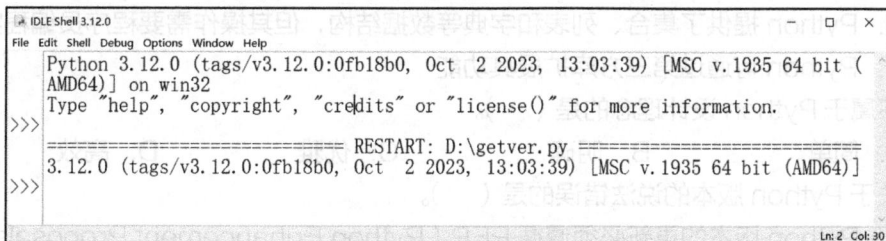

图 1-11　程序输出结果

1.1.4 实验 4：运行 Python 程序

1. 实验目的

掌握在系统命令提示符窗口中运行 Python 程序的方法。

2. 实验环境

Windows 10 操作系统、Python 3.12。

3. 实验内容

在系统命令提示符窗口中运行在实验 3 中创建的 getver.py 程序。

4. 实验过程

实验过程如下。

（1）在 Windows 操作系统的开始菜单中选择"Windows 系统\命令提示符"命令，打开系统命令提示符窗口。

（2）输入"python d:\getver.py"，按【Enter】键运行，结果如下。

```
C:\Users\xbg>python d:\getver.py
3.12.0 (tags/v3.12.0:0fb18b0, Oct  2 2023, 13:03:39) [MSC v.1935 64 bit (AMD64)]
```

实验 1-4 运行
Python 程序

1.2 习题

1.2.1 选择题

1. 吉多·范罗苏姆设计 Python 的灵感来源于（　　）。

   A. C 语言　　　　　B. UNIX Shell　　　C. ABC 语言　　　　D. Java 语言

2. 下列关于 Python 语言的特点的说法中，错误的是（　　）。

   A. Python 语言是非开源语言　　　　　　B. Python 语言是跨平台语言

   C. Python 语言是免费的　　　　　　　　D. Python 语言是面向对象的

3. Python 的实现语言是（　　）。

   A. C++　　　　　　B. Java　　　　　　C. ANSI C　　　　　D. Go

4. 下列选项中错误的是（　　）。

   A. Python 可自动为变量分配内存

   B. Python 可自动回收不使用的变量

   C. Python 提供了集合、列表和字典等数据结构，但其操作需要程序员编程实现

   D. Python 可通过第三方库扩展其功能

5. 不属于 Python 设计理念的是（　　）。

   A. 简单　　　　　　B. 明确　　　　　　C. 优雅　　　　　　D. 高效

6. 关于 Python 版本的说法错误的是（　　）。

   A. Python 版本的更新必须遵循 PEP（Python Enhancement Proposals）

   B. Python 3 不兼容 Python 2

C. Python 软件基金（PSF）负责处理 Python 的知识产权问题

D. 为保证开发人员的权益，Python 2 在 2.7 版本后会继续更新

7. Python 官方决定作为 Python 2 最后一个版本的是（　　）。

A. Python 2.6　　　B. Python 2.7　　　C. Python 2.8　　　D. Python 2.9

8. 下列 Python 版本中不向后兼容的是（　　）。

A. Python 2.7　　　B. Python 2.9　　　C. Python 3.0　　　D. Python 3.8

9. 下列选项中错误的是（　　）。

A. Python 3 中取消了内置的 file 数据类型

B. str 类型在 Python 3 和 Python 2 中是相同的

C. int 为 Python 3 内置的数字类型

D. Python 2 的异常处理结构中不能使用 as 关键字

10. 在 Python 交互环境中，执行 type(int)命令的输出结果是（　　）。

A. <type 'int'>　　B. <type 'type'>　　C. <class 'int'>'　　D. <class 'type'>

11. 下列选项不能作为 Python 3 常量的是（　　）。

A. 123　　　　　B. 12.3　　　　　C. 123L　　　　　D. 123.

12. 下列选项不能作为 Python 3 常量的是（　　）。

A. 0110　　　　B. 0b110　　　　C. 0o110　　　　D. 0x110

13. 在 Python 3 中，字典对象的 keys()、items()和 values()方法返回的是（　　）。

A. 列表　　　　B. 字符串　　　　C. 视图　　　　D. 集合

14. 在 Python 3 中，字典对象不支持的方法是（　　）。

A. keys()　　　B. items()　　　C. iterkeys()　　　D. values()

15. 在 Python 3 中，print('123','456')的输出结果是（　　）。

A. 123 456　　　B. 123,456　　　C. '123','456'　　　D. ('123','456')

16. 在 Python 3 中，print(1/2,1//2)的输出结果是（　　）。

A. 0 0　　　　B. 0 0.5　　　　C. 0.5 0　　　　D. 0.5 0.5

17. 下列选项中说法不正确的是（　　）。

A. Python 语言是解释型语言

B. Python 解释器先将源代码全部转换成机器指令，然后执行机器指令完成程序运行

C. Python 程序打包为可执行文件后，不需要额外安装 Python 解释器即可运行

D. 在 Python 交互环境中可直接运行 Python 语句

18. Python 源代码文件的扩展名是（　　）。

A. pdf　　　　B. doc　　　　C. png　　　　D. py

19. 用于在 IDLE 交互环境中执行 Python 命令的是（　　）。

A. execute　　　B. do　　　　C. 按【Enter】键　　D. run

20. 在 IDLE 交互环境中执行下面的命令，输出结果是（　　）。

```
>>>a="+123"
>>>a
```

A. 123   B. "+123"   C. '+123'   D. +123

1.2.2 操作题

1. 在 Python 3 交互环境中执行下面的命令，理解 Python 3 中字符串的表示方法。

```
>>> '你好'
>>> print('你好')
>>> len('你好')
>>> u'你好'
>>> print(u'你好')
>>> len(u'你好')
```

2. 在系统命令提示符窗口中查看 Python 的版本信息，示例运行结果如下。

```
C:\>python -V
Python 3.12.0
C:\>python --version
Python 3.12.0
```

3. 在 Python 交互环境中查看 Python 的版本信息，示例运行结果如下。

```
C:\>python
……
>>> import sys
>>> sys.version
'3.12.0 (tags/v3.12.0:0fb18b0, Oct  2 2023, 13:03:39) [MSC v.1935 64 bit (AMD64)]'
```

4. 在 Python 交互环境中，执行下面的程序。

```
for i in range(1,10):
print(' '*(11-i)+'*'*(2*i-1))
```

示例运行结果如下。

```
         *
        ***
       *****
      *******
     *********
    ***********
   *************
  ***************
 *****************
```

5. 编写一个 Python 程序，输出"Python 编程"。

（1）在 Windows 记事本中输入下面的代码。将文件按 UTF-8 格式保存，设置文件名为 "test1-1.py"。

```
print('Python 编程')
```

（2）在系统命令提示符窗口中运行 test1-1.py，示例运行结果如下。

```
C:\>python d:\test1-1.py
Python 编程
```

6. 编写一个 Python 程序"test1-2.py"，实现输入半径后输出圆的面积（提示：用 input() 函数输入数据，数据为字符串，再用 eval() 函数将其转换为数值）。

示例代码如下。

```
n=eval(input('请输入半径: '))
print('面积 =',n**2*3.14)
```

在系统命令提示符窗口中运行，示例运行结果如下。

```
C:\>python d:\test1-2.py
请输入半径: 2
面积 = 12.56
```

7. 编写一个 Python 程序"test1-3.py"处理字典。示例代码如下。

```
a={1:'one',2:'two',3:'three'}
ais=a.items()
print(type(ais))
print(ais)
for k,v in ais:
    print(k,v)
```

在系统命令提示符窗口中运行，示例运行结果如下。

```
C:\>python d:\test1-3.py
<class 'dict_items'>
dict_items([(1, 'one'), (2, 'two'), (3, 'three')])
1 one
2 two
3 three
```

说明：Python 3 中，字典对象的 items() 方法返回视图，视图可用 for 循环进行迭代。

8. 文本文件"社会主义核心价值观.txt"内容如下。

富强、民主、文明、和谐、自由、平等、公正、法治、爱国、敬业、诚信、友善

编写一个 Python 程序，读取文件内容，并按照下面的格式输出。

富强　民主　文明　和谐
自由　平等　公正　法治
爱国　敬业　诚信　友善

示例代码如下。

```
f = open("社会主义核心价值观.txt", encoding="utf-8")  # 打开文件
a = f.read()                    # 读取文件全部内容
b = a.split("、")                # 分解字符串
n = 0                           # 设置计数器初始值
for c in b:                     # 依次输出 b 中的数据
    print(c, end="  ")          # 输出一个数据
    n = n + 1  # 计数
```

```
    if n % 4 == 0:
        print()                        # 每输出 4 个数据就换行
```

9. 编写一个 Python 程序，输出 5 组随机数字。示例代码如下。

```
from random import *              # 从 random 库导入函数
for i in range(5):
    for j in range(5):
        a = str(randint(0, 9))    # 获得随机数字
        print(a, end="")          # 输出数字，不换行
    print()                       # 换行
```

示例运行结果如下。

```
45092
92476
28807
78303
29250
```

10. 编写一个 Python 程序，绘制图 1-12 所示的同心圆。

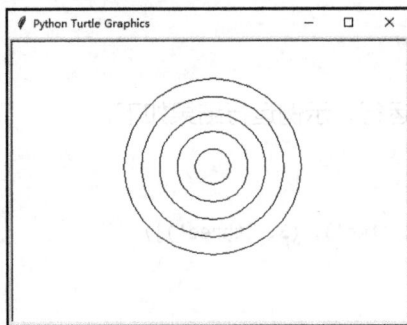

图 1-12　同心圆

示例代码如下。

```
import turtle as t     # 导入 turtle 库
for i in range(20, 101, 20):
    t.circle(i)          # 画圆
    t.up()
    t.goto(0, -i)        # 移动画笔
    t.down()
t.hideturtle()         # 隐藏画笔
t.done()               # 开始事件循环，等待用户操作
```

单元 2
Python 基本语法

学习目的： 　　掌握 Python 基本语法中的缩进、注释、语句续行符号、输入函数、输出函数以及赋值语句的使用方法，理解对象的引用。

相关知识点： 　　缩进、注释、语句续行符号等语法元素，input()函数和 print() 函数，赋值语句，对象的引用。

2.1　实验指导

2.1.1　实验 1：基本语法元素

1. 实验目的

掌握 Python 3 中缩进、注释、语句续行符号等语法元素的使用方法。

2. 实验环境

Windows 10 操作系统、Python 3.12。

3. 实验内容

在 IDLE 中编写一个程序，使用缩进、注释、语句续行符号等语法元素。

4. 实验过程

实验过程如下。

（1）启动 IDLE。

（2）在 IDLE 中选择"File\New File"命令打开代码编辑窗口。

（3）在代码编辑窗口中输入下面的代码。

实验 2-1　基本语法元素

```
'''多行注释
2.1.1  实验 1：基本语法元素
1. 实验目的
掌握 Python 3 中缩进、注释、语句续行符号等语法元素的使用方法。
'''
y=eval(input('请输入一个年份: '))
if ((y%4==0 and y%100!=0)        #单行注释: 括号中的表达式可以分行编写
    or y%400==0):
    print('是闰年')
else:
    print('不是闰年')
```

（4）按【Ctrl+S】组合键保存程序，设置文件名为"实验 2-1.py"。

（5）按【F5】键运行程序，输入"2020"，查看输出结果。

（6）返回代码编辑窗口，再次按【F5】键运行程序，输入"2021"，查看输出结果。

（7）返回代码编辑窗口，在单行注释的符号"#"之前插入语句续行符号"\"。

（8）按【Ctrl+S】组合键保存程序，按【F5】键运行程序，此时程序运行出错，IDLE 显示图 2-1 所示的对话框，提示语句续行符号后出现了不应该使用的符号。

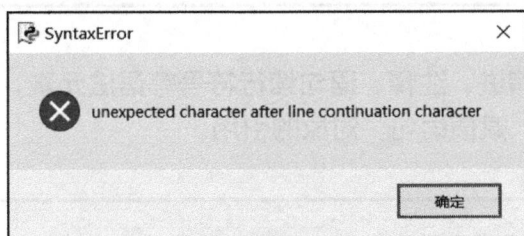

图 2-1 错误使用语句续行符号提示信息

（9）因为语句续行符号"\"之后不能有任何字符，所以程序运行出错。删除语句续行符号"\"之后的全部注释内容，保存后运行程序，此时程序成功运行。

（10）返回代码编辑窗口，删除 print('是闰年')语句前面的空格，使其与 if 语句对齐，保存程序后运行，此时程序运行出错，IDLE 显示图 2-2 所示的对话框，提示缩进错误。这是因为 if 语句末尾的冒号表示下一行应该为代码块，Python 中用缩进表示代码块。print('是闰年')和 if 语句对齐，就产生了缩进错误。

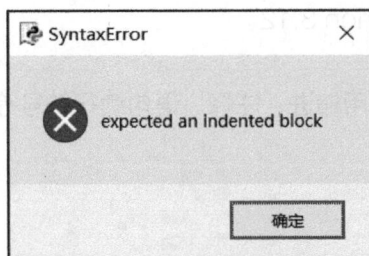

图 2-2 缩进错误提示信息

（11）在 print('是闰年')语句前面添加 2 个空格，保存后运行程序，此时程序成功运行。注意，此时 print('是闰年')语句前面有 2 个空格，而 else 部分的 print('不是闰年')语句前面有 4 个空格（IDLE 默认缩进为 4 个空格），但这两条语句属于两个不同的代码块，所以缩进不同不会报错。

2.1.2 实验 2：输入和输出

1. 实验目的

掌握输入函数 input()和输出函数 print()的使用方法。

2. 实验环境

Windows 10 操作系统、Python 3.12。

实验 2-2 输入和输出

3. 实验内容

编写一个程序，使用 input()函数输入 2 个数，输出这 2 个数的加法运算结果。

4. 实验过程

实验过程如下。

（1）启动 IDLE。

（2）在 IDLE 交互环境中选择"File\New File"命令打开代码编辑窗口。

（3）在代码编辑窗口中输入下面的代码。

```
a=input('请输入第 1 个数: ')
b=input('请输入第 2 个数: ')
print(a,'+',b,'=',a+b)
```

（4）按【Ctrl+S】组合键保存程序，将文件名设置为"实验 2-2.py"。

（5）按【F5】键运行程序，分别输入"1"和"2"，示例运行结果如下。

```
请输入第 1 个数: 1
请输入第 2 个数: 2
1 + 2 = 12
```

> **说明** 因为 input()函数返回的输入数据为字符串，代码中的 **a+b** 等价于'1'+'2'，其结果为'12'。

（6）返回代码编辑窗口，用 eval()函数将输入数据转换为数字，示例代码如下。

```
a=eval(input('请输入第 1 个数: '))
b=eval(input('请输入第 2 个数: '))
print(a,'+',b,'=',a+b)
```

（7）保存程序后运行，分别输入"3"和"4"，示例运行结果如下。

```
请输入第 1 个数: 3
请输入第 2 个数: 4
3 + 4 = 7
```

（8）返回代码编辑窗口，用 int()函数（在练习时可改为 float()函数进行比较）将输入数据转换为整数，示例代码如下。

```
a=int(input('请输入第 1 个数: '))
b=int(input('请输入第 2 个数: '))
print(a,'+',b,'=',a+b)
```

（9）保存程序后运行，分别输入"5"和"6"，示例运行结果如下。

```
请输入第 1 个数: 5
请输入第 2 个数: 6
5 + 6 = 11
```

（10）返回代码编辑窗口，在 print() 函数中加入"sep='#'"参数，示例代码如下。

```
a=int(input('请输入第 1 个数: '))
b=int(input('请输入第 2 个数: '))
print(a,'+',b,'=',a+b,sep='#')
```

（11）保存程序后运行，分别输入"2"和"3"，示例运行结果如下。

```
请输入第 1 个数: 2
请输入第 2 个数: 3
2#+#3#=#5
```

> **说明** print() 函数在输出多个数据时，默认使用空格分隔数据。参数 sep 可指定 print() 函数使用的输出分隔符。

（12）返回代码编辑窗口，用多个 print() 函数完成输出，示例代码如下。

```
a=int(input('请输入第 1 个数: '))
b=int(input('请输入第 2 个数: '))
print(a)
print('+')
print(b)
print('=')
print(a+b)
```

（13）保存程序后运行，分别输入"3"和"4"，示例运行结果如下。

```
请输入第 1 个数: 3
请输入第 2 个数: 4
3
+
4
=
7
```

> **说明** 默认情况下，print() 函数用换行符结束输出，所以每个 print() 函数的输出结果都占一行。

（14）返回代码编辑窗口，在 print() 函数中加入"end=''"，示例代码如下。

```
a=int(input('请输入第 1 个数: '))
b=int(input('请输入第 2 个数: '))
print(a,end='')
print('+',end='')
print(b,end='')
print('=',end='')
print(a+b,end='')
```

（15）保存程序后运行，分别输入"4"和"5"，示例运行结果如下。

```
请输入第1个数: 4
请输入第2个数: 5
4+5=9
```

说明 参数 end 可为 print()函数指定输出结束符号，"end=''"表示用空字符串结束输出，所以多个 print()函数的输出结果都在一行。

（16）返回代码编辑窗口修改代码，将数据输出到文件，示例代码如下。

```
a=eval(input('请输入第1个数: '))
b=eval(input('请输入第2个数: '))
f=open('d:/out2-2.txt','w')
print(a,'+',b,'=',a+b,file=f)
f.close()
```

（17）保存程序后运行，分别输入"10"和"20"，示例运行结果如下。

```
请输入第1个数: 10
请输入第2个数: 20
```

说明 指定 file 参数时，print()函数将数据输出到指定的文件。本例中，数据输出到 D 盘根目录下的"out2-2.txt"文件中。用记事本打开"D:/out2-2.txt"文件，查看其内容，如图 2-3 所示。

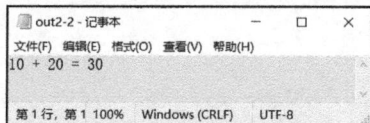

图 2-3 输出到文件的内容

2.1.3 实验 3：使用赋值语句

实验 2-3 使用赋值语句

1. 实验目的
掌握 Python 赋值语句的使用方法。

2. 实验环境
Windows 10 操作系统、Python 3.12。

3. 实验内容
在 IDLE 交互环境中使用 Python 的简单赋值、序列赋值、多目标赋值和增强赋值等语句。

4. 实验过程
实验过程如下。

（1）启动 IDLE。

（2）在 IDLE 交互环境中练习使用各种赋值语句，示例运行结果如下。

```
>>> a=5
>>> a
5
```

```
>>> y=a
>>> y
5
>>> a,b=2,3
>>> a,b
(2, 3)
>>> a,b=['a',12]
>>> a,b
('a', 12)
>>> a,b=('b',20)
>>> a,b
('b', 20)
>>> a,b='23'
>>> a,b
('2', '3')
>>> (a,b)=5,6
>>> a,b
(5, 6)
>>> [a,b]=7,8
>>> [a,b]='45'
>>> a,b
('4', '5')
>>> a=b=10
>>> a,b
(10, 10)
>>> a+=1
>>> a
11
>>> a-=2
>>> a
9
>>> a*=3
>>> a
27
>>> a**=2
>>> a
729
>>> a/=9
>>> a
81.0
>>> a//=3
>>> a
27.0
>>> a%=3
>>> a
0.0
```

2.1.4 实验 4：对象的引用

1. 实验目的
通过赋值语句的使用理解 Python 中对象的引用方法。

2. 实验环境
Windows 10 操作系统、Python 3.12。

3. 实验内容

在 IDLE 交互环境中使用赋值语句将数字和列表赋值给变量，并修改列表元素的值。

4. 实验过程

实验过程如下。

（1）启动 IDLE。

（2）在 IDLE 交互环境中使用赋值语句将数字和列表赋值给变量，并修改列表元素的值，示例运行结果如下。

```
>>> a=10
>>> b=a                 #令 b 和 a 同时引用整数对象 10
>>> a,b                 #查看变量 a 和 b 的值
(10, 10)
>>> a=[10,20]           #改变 a 引用的对象
>>> a,b                 #查看变量 a 和 b 的值，此时 a 和 b 引用不同的对象
([10, 20], 10)
>>> b=a                 #令 b 和 a 同时引用列表对象[10,20]
>>> a,b                 #查看变量 a 和 b 的值
([10, 20], [10, 20])
>>> b[0]='a'            #通过变量 b 修改列表对象的第 1 个元素
>>> a,b                 #查看变量 a 和 b 的值，因为变量 a 和 b 引用的是同一个对象，所以值相同
(['a', 20], ['a', 20])
```

2.2 习题

2.2.1 选择题

1. 下列选项中错误的是（   ）。
   - A. Python 程序中使用类似 C 语言中的花括号定义代码块
   - B. Python 使用空格（缩进）定义代码块
   - C. 同一个代码块中缩进量不同时，会发生缩进异常（IndentationError）
   - D. if、for、while、def、class 等语句末尾的冒号表示代码块的开始

2. Python 语言的代码注释符号是（   ）。
   - A. //   B. '   C. #   D. /* */

3. 下列说法错误的是（   ）。
   - A. 使用语句续行符号可以将一条语句编写在多行中
   - B. 使用语句分隔符号可以将多条语句编写在一行中
   - C. 以"#"开头的内容可以编写在多行中
   - D. 圆括号中的表达式可以分行编写

4. 下列选项中错误的是（   ）。
   - A. Python 允许使用语句续行符号将一条语句编写在多行中
   - B. Python 的语句续行符号为"\"

  C. 语句续行符号 "\" 之后只允许有空格或者注释

  D. 括号（"()" "[]" 和 "{}" 等）中的表达式可分多行编写

5. 下列选项中，不是 Python 语言关键字（保留字）的是（　　）。

  A. with   B. continue   C. as   D. endfor

6. 运行下面的程序，输入 "[1,2,3]"，输出的结果是（　　）。

```
x = input()
print(type(x))
```

  A. \<class 'int'\>   B. \<class 'list'\>

  C. \<class 'str'\>   D. \<class 'dict'\>

7. 运行下面的程序，输入 "3"，输出的结果是（　　）。

```
a = input("请输入一个整数: ")
print(2*a)
```

  A. 5   B. 6   C. 33   D. 出错

8. 下列关于 input() 函数的说法错误的是（　　）。

  A. 按【Enter】键结束输入，按【Enter】键之前的内容作为输入内容

  B. input() 函数返回一个字符串

  C. 输入数据的过程中，不能按【Ctrl+Z】组合键，否则会发生错误

  D. 结合 eval() 函数，可以输入数字类型的数据

9. 下列选项中能输出 "Hello Python" 的是（　　）。

  A. print(Hello Python)   B. print("Hello Python")

  C. printf("Hello Python")   D. printf(Hello Python)

10. 下列 Python 语句中输出结果为 "3" 的是（　　）。

  A. print("1+2")   B. print("1"+"2")

  C. print(eval("1+2"))   D. print(eval("1" + "2"))

11. 下列关于 print() 函数的说法错误的是（　　）。

  A. 可以同时输出多个数据

  B. 在输出多个数据时，只能使用空格分隔输出

  C. print() 函数执行后，不一定会换行

  D. print() 函数可以将数据输出到文件中

12. 语句 print('a',1,2,"b") 的输出结果是（　　）。

  A. a,1,2,b   B. a12b   C. a 1 2 b   D. 'a' 1 2 "b"

13. 下面代码的输出结果是（　　）。

```
print('x',end='=')
print(20)
```

  A. x   B. x 20   C. x=   D. x=20

   20   20

14. 不符合 Python 变量命名规则的是（   ）。
     A. 5ab   B. a12   C. ABC   D. AsTR
15. 不能作为 Python 变量的是（   ）。
     A. 速度   B. 5bit   C. _price   D. keyword
16. 下列关于赋值语句的说法中，错误的是（   ）。
     A. 可以同时给多个变量赋值
     B. 语句 x,y = y,x 可以交换变量 x 和 y 的值
     C. (x,y)=10,20 是正确的语句
     D. 执行 x,y='ab'后，变量 x 和 y 的值都是字符串 ab
17. 关于 Python 语言的变量，下列说法正确的是（   ）。
     A. 先声明、后使用   B. 先赋值、后使用
     C. 未赋值时，使用变量的默认值   D. 声明时必须说明变量的数据类型
18. 下列关于 Python 变量的说法错误的是（   ）。
     A. 变量在第一次赋值时被创建
     B. 变量用于引用对象
     C. 变量必须先创建后使用
     D. 将变量 a 赋值给变量 b 后，修改变量 b 的值时，a 的值也会改变
19. 下面代码中运行会出错的是（   ）。
     A.

```
>>> a,b = 1,2
```

     B.

```
>>> a = 1
>>> b = a = a + 2
```

     C.

```
>>> a = False
>>> int(a)
```

     D.

```
>>> a
```

20. 下面代码的输出结果是（   ）。

```
x=[1,2,3]
y=x
y[0]=5
print(x)
```

     A. [1,2,3]   B. [5,2,3]   C. 1,2,3   D. 5,2,3

2.2.2 操作题

1. 下面的代码有多处错误，请改正。

```
//改错题
x=-5
if x>0:
print(x,'是正数')
    else:print(x,'不是正数')
```

2. 下面的代码有多处错误，请改正。

```
'''
输入两条直角边长度，求斜边长度。
math.sqrt()用于计算平方根

from math import sqrt          #导入函数
a=input('请输入直角边1的长度: ')
b=input('请输入直角边2的长度: ')
if a<=0:
    print('边长必须是正数')
else:
    if b<=0:
        print('边长必须是正数')
    else:
        print('斜边=';sqrt(a*a+b*b))
```

3. 下面的程序用于实现交换两个变量的值，请在画线处添加适当的语句将程序补充完整。

```
a=eval(input('请输入第1个数: '))
b=eval(input('请输入第2个数: '))
print('交换前: a=',a,' b=',b)
_____
print('交换后: a=',a,' b=',b)
```

4. 修改下面的代码（不删除语句），使输出结果为"优雅，明确，简单"。

```
print('优雅')
print('明确')
print('简单')
```

5. 请在画线处添加适当的语句将程序补充完整，使程序的输出结果为"1,2,3"。

```
a=1
b=2
c=3
_____
```

6. 编写程序将数据输出到文件"outtest2-6.txt"，完成输出后，文件中的内容如下。

```
Python
Java
C++
```

7. 编写程序，实现输入一个数据后，输出该数据及其数据类型信息，允许输入多种类型的数据，示例运行结果如下。

```
请输入一个数据: [1,2]
[1, 2] <class 'list'>
```

8. 下面的程序可实现输入 3 个数，并按从大到小的顺序输出，请在画线处添加一条语句将程序补充完整。

```
_____
if a<b:
    a,b=b,a
if a<c:
    a,c=c,a
if b<c:
    b,c=c,b
print(a,b,c)
```

9. 编写程序，实现输入三角形的边长，输出三角形面积，示例运行结果如下。提示：可以根据海伦公式计算，三角形边长为 a、b、c，p=(a+b+c)/2，面积=math.sqrt(p*(p-a)*(p-b)*(p-c))。

```
请输入三角形边长 a: 3
请输入三角形边长 b: 4
请输入三角形边长 c: 5
面积= 6.0
```

10. 编写程序，实现输入任意个数的数字，输出其和，示例运行结果如下。提示：sum() 函数可计算序列对象中所有元素的和。

```
请输入多个数据: 1,2,3,4
和= 10
```

单元 3
基本数据类型

学习目的： 掌握基本数据类型数据的表示、运算以及相关函数和方法的使用。

相关知识点： 整数类型、浮点数类型、复数类型数据的表示和运算，常用的数字处理函数，字符的基本操作，常用的字符串处理函数以及字符串的格式化。

3.1 实验指导

3.1.1 实验 1：数字类型及其运算

1. 实验目的
（1）掌握整数类型、浮点数类型、复数类型数据的表示和运算方法。
（2）掌握常用的数字处理函数。

实验 3-1 数字
类型及其运算

2. 实验环境
Windows 10 操作系统、Python 3.12。

3. 实验内容
在 IDLE 交互环境中使用整数、浮点数、复数，练习各种常用的数字处理函数。

4. 实验过程
实验过程如下。
（1）启动 IDLE。
（2）在 IDLE 交互环境中使用整数、浮点数、复数，练习各种常用的数字处理函数，示例运行结果如下。

```
>>> type(100)              #查看整数的数据类型
<class 'int'>
>>> 123**100               #了解整数没有取值范围限制
978388059772574743525667053516290140331379384497343509665260743420644140995111569304267735224159581
061389200997320437636836296142253482249885587744284906207432341625374944479224542692084345613392911370117
6246001
>>> 0b1101                 #二进制表示，输出为十进制
13
>>> 0o1101                 #八进制表示，输出为十进制
577
>>> 0x1101                 #十六进制表示，输出为十进制
4353
>>> type(True)             #查看布尔常量的数据类型
<class 'bool'>
>>> 2+True                 #布尔常量作为数字参与运算
3
>>> 2+False
2
>>> type(12.3)             #查看浮点数的数据类型
<class 'float'>
>>> 12.3**300              #浮点数有取值范围，超出范围时产生溢出错误（OverflowError）
Traceback (most recent call last):
  File "<stdin>", line 1, in <module>
OverflowError: (34, 'Result too large')
>>> 0.7+0.7+0.7            #浮点数不能执行精确运算，结果不等于2.1
2.0999999999999996
>>> type(2+3.5j)           #查看复数的数据类型
<class 'complex'>
>>> (2+3.5j).real          #获取复数的实部
2.0
>>> (2+3.5j).imag          #获取复数的虚部
3.5
>>> 7%2,7%-2,-7%2,-7%-2    #求余数，余数符号和除数符号一致
(1, -1, 1, -1)
>>> 7/2                    # "/" 运算的结果为浮点数
3.5
>>> 7//2                   #两个整数的 "//" 运算结果为整数，截断取整
3
>>> 7.0//2                 #有一个操作数为浮点数时，"//" 运算结果为浮点数
3.0
>>> divmod(123,5)          #返回商和余数
(24, 3)
>>> a=[9,3,5,1]
>>> max(a)                 #返回序列中的最大值
9
>>> min(a)                 #返回序列中的最小值
1
>>> sum(a)                 #求和
18
```

```
>>> sorted(a)                    #从小到大排序
[1, 3, 5, 9]
>>> sorted(a,reverse=True)       #从大到小排序
[9, 5, 3, 1]
>>> import math                  #导入 math 模块
>>> math.pi                      #数学常量 π
3.141592653589793
>>> math.e                       #数学常量 e
2.718281828459045
>>> math.ceil(3.45)              #返回不小于 3.45 的最小整数
4
>>> math.ceil(-3.45)             #返回不小于-3.45 的最小整数
-3
>>> math.floor(3.45)             #返回不大于 3.45 的最大整数
3
>>> math.floor(-3.45)            #返回不大于-3.45 的最大整数
-4
```

3.1.2 实验 2：字符串操作

1. 实验目的
掌握字符串的各种表示方法和字符串的各种操作。

2. 实验环境
Windows 10 操作系统、Python 3.12。

实验 3-2　字符串
操作

3. 实验内容
在 IDLE 交互环境中使用各种字符串表示方法和练习各种字符串操作。

4. 实验过程
实验过程如下。

（1）启动 IDLE。

（2）在 IDLE 交互环境中练习使用各种字符串表示方法和字符串操作，示例运行结果如下。

```
>>> '12abc'                      #单引号字符串
'12abc'
>>> "12abc"                      #双引号字符串
'12abc'
>>> '''Python
... Java'''                      #三引号字符串，可换行
'Python\nJava'
>>> r'123\tabc'                  #Raw 字符串
'123\\tabc'
>>> u'Python 编程'               #带前缀的字符串
'Python 编程'
>>> b'123abc'                    #bytes 字节串
b'123abc'
>>> B'编号'                      #bytes 字节串中不能使用非 ASCII 字符
  File "<stdin>", line 1
SyntaxError: bytes can only contain ASCII literal characters.
```

```
>>>type('123abc'),type(b'123abc')    #查看字符串的数据类型
(<class 'str'>, <class 'bytes'>)
>>> '12' in '123abc'                 #判断包含关系
True
>>> '1a' in '123abc'
False
>>> '12' '34' 'ab'                   #字符串连接
'1234ab'
>>> '12'+'34'+'ab'                   #字符串连接
'1234ab'
>>> b'12'+b'ab'                      #字符串连接
b'12ab'
>>> '12'*3                           #字符串乘法
'121212'
>>> 3*'ab'                           #字符串乘法
'ababab'
>>> a='1234567890'
>>> a[0],a[1],a[-1],a[-2]            #通过序号索引字符串中的字符
('1', '2', '0', '9')
>>> a[0]='a'                         #不能通过索引修改字符，字符串是不可变序列
Traceback (most recent call last):
  File "<stdin>", line 1, in <module>
TypeError: 'str' object does not support item assignment
>>> a='0123456789'
>>> a[2:4]                           #切片：返回位置为2、3的字符组成的字符串
'23'
>>> a[-2:-4]                         #切片：结束位置小于开始位置，返回空字符串
''
>>> a[-4:-2]                         #切片：返回位置为-4、-3的字符组成的字符串
'67'
>>> a[2:],a[:4]                      #切片：省略结束或开始位置
('23456789', '0123')
>>> a[-2:],a[:-4]                    #切片：省略结束或开始位置
('89', '012345')
>>> a[2:9:2]                         #切片：指定间隔数
'2468'
>>> a[2:9:-2]                        #切片：间隔数为负数时，开始位置应大于结束位置
''
>>> a[9:2:-2]
'9753'
>>> a[::-1]                          #切片：反转字符串
'9876543210'
>>> for b in a[2:4]:                 #字符串迭代
...    print(b)
...
2
3
```

3.1.3 实验 3：字符串处理函数

1. 实验目的
掌握常用的字符串处理函数的使用方法。

2. 实验环境
Windows 10 操作系统、Python 3.12。

3. 实验内容
在 IDLE 交互环境中使用各种常用的字符串处理函数。

实验 3-3　字符串处理函数

4. 实验过程
实验过程如下。

（1）启动 IDLE。

（2）在 IDLE 交互环境中练习使用各种常用的字符串处理函数，示例运行结果如下。

```
>>> len('123\nabc')                    #返回字符个数，即字符串长度
7
>>> len('')                            #空字符串长度为 0
0
>>> len('编程')                        #每个汉字为 1 个字符
2
>>> str(3.14)                          #转换成字符串
'3.14'
>>> str(3.14+2j)
'(3.14+2j)'
>>> str([1,2,'a','b'])
"[1, 2, 'a', 'b']"
>>> repr(3.14)                         #转换成字符串
'3.14'
>>> repr(3.14+2j)
'(3.14+2j)'
>>> repr([1,2,'a','b'])
"[1, 2, 'a', 'b']"
>>> str('12ab'),repr('12ab')           #注意 str()函数和 repr()函数在处理字符串时的不同
('12ab', "'12ab'")
>>> ord('a')                           #返回字符的 Unicode 值
97
>>> ord('啊')
21834
>>> chr(98)                            #返回 Unicode 值对应的字符
'b'
>>> chr(21835)
'呋'
>>> min('123abc')                      #返回字符串中 Unicode 值最小的字符
'1'
>>> max('123abc')                      #返回字符串中 Unicode 值最大的字符
'c'
```

3.1.4 实验 4：字符串处理方法

1. 实验目的
掌握各种常用的字符串处理方法。

2. 实验环境
Windows 10 操作系统、Python 3.12。

实验 3-4　字符
串处理方法

3. 实验内容
在 IDLE 交互环境中使用各种常用的字符串处理方法。

4. 实验过程
实验过程如下。

（1）启动 IDLE。

（2）在 IDLE 交互环境中练习使用各种常用的字符串处理方法，示例运行结果如下。

```
>>> 'we like Python'.capitalize()        #首字符大写，其他字符小写
'We like python'
>>> 'we like Python'.lower()             #全部字符小写
'we like python'
>>> 'we like Python'.upper()             #全部字符大写
'WE LIKE PYTHON'
>>> 'we like Python'.count('e')          #在整个字符串中统计"e"的个数
2
>>> 'we like Python'.count('e',2,-2)     #在指定范围内统计"e"的个数
1
>>> 'we like Python'.endswith('on')      #测试字符串是否以"on"结尾
True
>>> 'we like Python'.endswith('On')      #测试字符串是否以"On"结尾
False
>>> 'we like Python'.startswith('We')    #测试字符串是否以"We"开头
False
>>> 'we like Python'.startswith('we')    #测试字符串是否以"we"开头
True
>>> 'we like Python'.find('e')           #返回"e"第一次出现时的位置
1
>>> 'we like Python'.find('E')           #字符串不包含"E"，返回-1
-1
>>> 'we like Python'.find('e',2,-2)      #在指定范围内查找"e"第一次出现时的位置
6
>>> 'we like Python'.index('e',2,-2)     #在指定范围内查找"e"第一次出现时的位置
6
>>> 'we like Python'.index('E',2,-2)     #不包含搜索对象时，产生错误
Traceback (most recent call last):
  File "<stdin>", line 1, in <module>
ValueError: substring not found
>>> 'we like Python'.rfind('e')          #从末尾开始查找，返回"e"第一次出现时的位置
6
>>> 'we like Python'.rindex('we')        #从末尾开始查找，返回"we"第一次出现时的位置
0
```

```
>>> '\n \rPython\r\n '.strip()          #删除首尾的空格、回车符以及换行符
'Python'
>>> '\n \rPython\r\n '.rstrip()         #删除末尾的空格、回车符以及换行符
'\n \rPython'
>>> '\n \rPython\r\n '.lstrip()         #删除开头的空格、回车符以及换行符
'Python\r\n '
>>> 'we like Python'.strip('wen')       #删除首尾的指定字符
' like Pytho'
>>> '2B2'.replace('2','two')            #替换字符串
'twoBtwo'
>>> 'we like Python'.split(' ')         #用指定字符分解字符串
['we', 'like', 'Python']
>>> '#'.join(['we', 'like', 'Python'])  #用指定字符连接序列中的字符串
'we#like#Python'
```

3.1.5 实验 5：字符串格式化

1. 实验目的

掌握字符串格式化方法：%格式化表达式和 format()方法。

2. 实验环境

Windows 10 操作系统、Python 3.12。

实验 3-5　字符串格式化

3. 实验内容

在 IDLE 交互环境中使用%格式化表达式和 format()方法来执行字符串的格式化操作。

4. 实验过程

实验过程如下。

（1）启动 IDLE。

（2）在 IDLE 交互环境中练习使用%格式化表达式和 format()方法来执行字符串的格式化操作，示例运行结果如下。

```
>>> '单价: %.2f，数量: %d，总金额: %.2f'%(2.3,15,2.3*15)  #依次填充参数
'单价: 2.30，数量: 15，总金额: 34.50'
>>> '%s,%s'%('ab','cd')                 #字符串的默认填充
'ab,cd'
>>> '%8s,%-8s'%('ab','cd')              #指定宽度和对齐方式
'      ab,cd      '
>>> '%d,%-d'%(32,-32)                   #数字的默认填充
'32,-32'
>>> '%8d,%8d'%(32,-32)                  #指定宽度
'      32,     -32'
>>> '%8d,%-8d'%(32,-32)                 #指定对齐方式
'      32,-32     '
>>> '%+08d,%+08d'%(32,-32)              #为带符号数字填充 0
'+0000032,-0000032'
>>> '%+08d,%-08d'%(32,-32)              #填充 0 对左对齐无效
'+0000032,-32     '
>>>'%#x %x %X %#x'%(127,127,127,127)     #数字格式化为十六进制
'0x7f 7f 7F 0x7f'
```

```
>>> '{},{},{}'.format(12,'ab',34)          #按默认顺序填充，仅一次
'12,ab,34'
>>> '{0},{1},{0}'.format(12,'ab')           #按位置填充，可多次
'12,ab,12'
>>> '{:5},{:5},{:5}'.format(12,'ab',34)     #指定宽度，默认对齐
'   12,ab   ,   34'
>>> '{:<5},{:<5},{:<5}'.format(12,'ab',34)  #指定宽度，左对齐
'12   ,ab   ,34   '
>>> '{:>5},{:>5},{:>5}'.format(12,'ab',34)  #指定宽度，右对齐
'   12,   ab,   34'
>>> '{:0>5},{:#>5},{:*>5}'.format(12,'ab',34)  #指定宽度和填充字符，右对齐
'00012,###ab,***34'
>>> '{:b},{:8b},{:08b}'.format(13,13,13)    #转换为二进制
'1101,    1101,00001101'
>>> '{0:x},{0:#x},{0:X},{0:#X}'.format(125)  #转换为十六进制
'7d,0x7d,7D,0X7D'
>>> '{0:08x},{0:#08x}'.format(125)          #指定宽度，填充 0
'0000007d,0x00007d'
>>> '{:.2f},{:5.2f}'.format(2.5,3.456)      #为浮点数指定精度
'2.50, 3.46'
>>> 'X:{0[0]},Y:{0[1]}'.format((23,45))     #格式化序列
'X:23,Y:45'
>>> 'X:{0[0]},Y:{0[1]}'.format('abc')
'X:a,Y:b'
>>> 'X:{0[0]},Y:{0[1]}'.format([10,20])
'X:10,Y:20'
>>> "{0[name]}'s price is {0[price]}".format({'name':'pear','price':12})#格式化字典
"pear's price is 12"
>>> format(3.456,'5.2f')                    #使用 format()函数执行格式化
' 3.46'
>>> f'{3.456:5.2f}'                         #格式化字符串常量
' 3.46'
>>> a=4.567
>>> f'{a:5.2f}'                             #格式化字符串常量
' 4.57'
```

3.2 习题

3.2.1 选择题

1. Python 语言提供的 3 种基本数字类型是（   ）。
   A. int、float、complex   B. int、float、bit
   C. int、float、binary   D. int、float、bool
2. 下列选项中，表示二进制整数的是（   ）。
   A. b1010   B. '1011'   C. 0b1020   D. 0B1101
3. print(complex(2.5))的输出结果是（   ）。

    A. 2.5+j   B. 2.5+0j   C. (2.5+0j)   D. (2+0.5j)

4. 关于 Python 语言的浮点数类型的说法错误的是（　　）。

    A. 浮点数是带有小数的数据   B. 所有浮点数必须带有小数部分

    C. 小数部分不可以为 0   D. 浮点数与数学中实数的概念一致

5. 下列不是浮点数常量的是（　　）。

    A. 3.14   B. 2.   C. .56   D. 1.0f25

6. 下列关于小数类型 Decimal 的说法错误的是（　　）。

    A. 小数类型 Decimal 的数据可以执行精确计算

    B. 小数对象使用 decimal 模块中的 Decimal()函数创建

    C. 小数对象的精度是固定的

    D. 一个程序中的所有小数对象的精度是相同的

7. 下列关于分数类型的说法错误的是（　　）。

    A. 分数对象有明确的分子和分母

    B. 分数对象表示的分数不一定是最简分数

    C. 可调用 Fraction(a,b)函数来创建分数对象

    D. Fraction.from_float()函数可将浮点数转换为分数

8. 表达式 10+True+5j.real 的计算结果是（　　）。

    A. 11   B. 11.0   C. 15.0   D. 出错，类型不兼容

9. 表达式 9%−2.0 的计算结果是（　　）。

    A. 1.0   B. 1   C. −1   D. −1.0

10. 下面代码的执行结果是（　　）。

```
x=2
y=5
print(x<y>1)
```

    A. True   B. False   C. 1   D. −1

11. 下面代码的输出结果是（　　）。

```
x=314.15926
print(round(x,2) ,round(x,-2))
```

    A. 314.16 300   B. 300 314.16   C. 314.16 300.0   D. 300.0 314.16

12. 下列代码的输出结果是（　　）。

```
import math
print(math.ceil(3.14))
```

    A. 2   B. 3   C. 4   D. 3.1

13. 下列关于 Python 3 字符串的说法中，错误的是（　　）。

    A. 可以使用 datatype()函数获取字符串的类型

    B. 使用转义符\，可在字符串中包含单引号

    C. 字符串'\0'的长度为 1

D. str 类型的字符串中可包含汉字

14. print(len("Python\t 编程"))的输出结果是（　　）。

   A. 9 　　　　　　B. 18 　　　　　　C. 11 　　　　　　D. 22

15. 下列选项中值为 True 的是（　　）。

   A. '1234' <'123' 　　　　　　B. 'A' <' '

   C. 'Python' >'python' 　　　　　　D. 'abcd' <'ad'

16. 设有语句 s = "Hello Python"，则可以输出"Python"字符串的是（　　）

   A. print(s[–5:0]) 　　　　　　B. print(s[–6:0])

   C. print(s[–6:–1]) 　　　　　　D. print(s[–6:])

17. 下面代码的输出结果是（　　）。

```
a="Python programming"
b=a[:4]+a[-3:]
print(b)
```

   A. oi 　　　　　　B. Pythi 　　　　　　C. Pything 　　　　　　D. Pythoing

18. 下列选项中错误的是（　　）。

   A. Python 中的字符采用单字节编码 　　B. print(chr(65))输出 A

   C. print(ord('a'))输出 97 　　D. chr()和 ord()函数可用于处理汉字

19. print('{0:0<8}'.format(123))的输出结果是（　　）。

   A. 123:True 　　B. 123True 　　C. 00000123 　　D. 12300000

20. print('{0:3}'.format('123456'))的输出结果是（　　）。

   A. 1234 　　　　B. 123 　　　　C. 111 　　　　D. 123456

3.2.2　操作题

1. 输入两个数，分别执行算术四则运算，除法运算精确到小数点后 2 位。示例运行结果如下。

```
请输入两个数: 2,3
2 + 3 = 5
2 - 3 = -1
2 * 3 = 6
2 / 3 = 0.67
```

2. 输入两个整数 a 和 b，输出 a 除以 b 的商和余数，示例运行结果如下。

```
请输入两个整数: 23,4
23 除以 4 的商:   5
23 除以 4 的余数:  3
```

3. 输入一个不大于 255 的正整数，输出其 8 位二进制、八进制和十六进制编码（要求使用字符串的 format()方法）。示例运行结果如下。

```
请输入一个不大于 255 的正整数: 23
  二进制: 00010111
```

```
八进制: 00000027
十六进制: 00000017
```

4. 输入一个不大于 255 的正整数，输出其 8 位二进制、八进制和十六进制编码（要求使用 % 表达式进行格式化）。

5. 求解一元二次方程 $ax^2+bx+c=0$，系数 a、b、c 通过键盘输入（保留 2 位小数），示例运行结果如下。

```
请输入方程的系数 a,b,c: 1,-1,-6
方程的解 x1=3.00
方程的解 x2=-2.00
```

6. 输入一个字符串，找出其中最大的字符，输出该字符及其在字符串中的位置。示例运行结果如下。

```
请输入字符串: 8wyekjndfiq
最大字符为: y, 其位置为: 2
```

7. 输入多种水果名称（用空格分隔），并分行输出，示例运行结果如下。

```
请输入多种水果名称: 苹果 香蕉 梨
苹果
香蕉
梨
```

8. 任意输入一个词语，将其输出，输出格式宽度为 20，用下画线填充，示例运行结果如下。

```
请输入一个词语: apple
_____apple_____
```

9. 下面的程序用于输出图 3-1 所示的数字金字塔，请在画线处添加适当的语句将程序补充完整。

```
                1
               121
              12321
             1234321
            123454321
           12345654321
          1234567654321
         123456787654321
        12345678987654321
```

图 3-1 数字金字塔

```
a='123456789'
n=len(a)
m=2
print(_____)          #输出第 1 行
while m<=n:
    print(' '*(21-m),end='')                 #输出每行前面的空格
```

```
    print(_____)
    m+=1
```

10. 下面的程序用于输出图 3-2 所示的星号图案，请在画线处添加适当的语句将程序补充完整。

```
******
*****
***
*
```

图 3-2 星号图案

```
_____
m=5
while n>=1:
    print(_____)
    n-=1
    m+=1
```

单元 4
组合数据类型

学习目的： 掌握组合数据类型数据的表示、运算、基本操作以及相关函数和方法的使用。

相关知识点： 集合、列表、元组和字典等组合数据类型的表示方法和基本操作。

4.1 实验指导

4.1.1 实验1：使用集合

1. 实验目的
掌握集合的表示方法、运算和基本操作。
2. 实验环境
Windows 10 操作系统、Python 3.12。
3. 实验内容
在 IDLE 交互环境中完成下列操作。

（1）创建两个集合。

（2）求两个集合的差集、并集、交集和对称差。

（3）用两个集合的所有元素组成一个新集合，任意给定一个数，如果该数包含在集合中，则将其从集合中删除，否则将其添加到集合中。

4. 实验过程
实验过程如下。

实验4-1 使用集合

（1）启动 IDLE。

（2）在 IDLE 交互环境中参考下面的代码完成集合的创建、运算和基本操作，示例运行结果如下。

```
>>> a={1,2,3,'a'}                    #集合常量
>>> b=set('2ab')                     #用 set()创建集合
>>> b
{'b', 'a', '2'}
>>> len(a)                           #求集合元素数量
4
>>> 2 in a                           #判断元素包含关系
True
>>> 4 in a
False
>>> a-b                              #求差集
{1, 2, 3}
>>> a|b                              #求并集
{1, 2, 3, 'a', 'b', '2'}
>>> a&b                              #求交集
{'a'}
>>> a^b                              #求对称差
{1, 2, 3, 'b', '2'}
>>> b<a                              #判断子集关系
False
>>> {1,2}<a
True
>>> a=a|b
>>> x=5
>>> if x in a:
...     a.remove(x)                  #从集合中删除 x
... else:a.add(x)                    #将 x 添加到集合
...
>>> for k in a:                      #迭代输出 a 中的元素
...     print(k)
...
1
2
3
5
a
b
```

4.1.2　实验 2：使用列表

1. 实验目的
掌握列表的常用操作和方法。

2. 实验环境
Windows 10 操作系统、Python 3.12。

3. 实验内容
编写一个程序，实现下列功能。

实验 4-2　使用
列表

（1）从键盘输入任意多个整数，使用这些整数创建列表，输出其中的最大值及其相邻元素。

（2）从键盘输入一个数，查找其在列表中的位置。如果该数在列表中，输出其位置，然后将其从列表中删除；否则将其添加到列表中。

（3）将列表中的数据按从小到大的顺序输出。

4. 实验过程

请自行编写程序，示例运行结果如下。

```
请输入多个整数: 12,6,3,35,7
原始列表: [12, 6, 3, 35, 7]
最大值及相邻元素: [3, 35, 7]
请输入一个数: 6
6 是第 2 个数
已从列表中删除 6
排序后的数据:
3 7 12 35
```

4.1.3 实验 3：使用元组

1. 实验目的

掌握元组的常用操作和方法。

2. 实验环境

Windows 10 操作系统、Python 3.12。

实验 4-3 使用
元组

3. 实验内容

编写一个程序，实现下列功能。

（1）从键盘输入一串字符（不少于 4 个字符），用其创建元组，并输出该元组。

（2）分别输出元组开头和末尾的 2 个元素。

（3）统计元组中各个元素出现的次数。

4. 实验过程

请自行编写程序，示例运行结果如下。

```
请输入一串字符（不少于 4 个）: auhdfiquhewib
元组: ('a', 'u', 'h', 'd', 'f', 'i', 'q', 'u', 'h', 'e', 'w', 'i', 'b')
开头 2 个元素: ('a', 'u')
末尾 2 个元素: ('i', 'b')
a : 1次
u : 2次
h : 2次
d : 1次
f : 1次
i : 2次
q : 1次
e : 1次
w : 1次
b : 1次
```

4.1.4 实验 4：使用字典

1. 实验目的
掌握字典的基本操作和方法。

2. 实验环境
Windows 10 操作系统、Python 3.12。

实验 4-4　使用字典

3. 实验内容
编写一个程序，实现下列功能。

（1）从键盘输入两组数据，分别表示水果名称及其价格，用这两组数据创建字典，并输出该字典。

（2）输入一个水果名称，从字典中查询其价格。

4. 实验过程
请自行编写程序，示例运行结果如下。

```
请输入水果名称: 香蕉 苹果 梨 西瓜
请输入水果价格: 4.5 5.8 5 3.5
字典: {'香蕉': 4.5, '苹果': 5.8, '梨': 5, '西瓜': 3.5}
请输入水果名称: 苹果
苹果 的价格为: 5.8
```

或者：

```
请输入水果名称: 香蕉 苹果 梨 西瓜
请输入水果价格: 4.5 5.8 5 3.5
字典: {'香蕉': 4.5, '苹果': 5.8, '梨': 5, '西瓜': 3.5}
请输入水果名称: 凤梨
凤梨 不在字典中
```

4.2　习题

4.2.1 选择题

1. 下列关于组合数据类型的说法正确的是（　　）。
   - A. 集合对象中的元素是有序的
   - B. 序列对象和集合对象中的元素允许重复
   - C. 映射类型对象中的关键字只能是同一种类型的数据
   - D. 组合数据类型可以对多种类型的数据执行相同的处理
2. 语句 print(set('1223')) 的输出结果是（　　）。
   - A. ('1223')　　　　B. ('1','2','2','3')　　C. 1223　　　　D. {'1','2','3'}
3. 下面代码的输出结果是（　　）。

```
a={1,2,3}
b={3,4,5}
print(a-b)
```

A. {-2,-2,-2}　　　B. {1,2}　　　C. 1 2　　　D. -2 -2 -2

4. 下面代码的输出结果是（　　）。

```
a={1,2,3}
a.remove(2)
print(a)
```

A. {2}　　　B. {1,3}　　　C. 1,3　　　D. 1 3

5. 下面代码的输出结果是（　　）。

```
lt= list(range(10))
print(5 in lt)
```

A. False　　　B. True　　　C. -1　　　D. 0

6. 表达式[1,"24",[4,"567"],89][2][-1][1]的计算结果是（　　）。

A. "4"　　　B. "5"　　　C. "6"　　　D. "7"

7. 下列关于列表和字符串的说法，错误的是（　　）。

A. 可使用正向递增位置序号和反向递减位置序号进行索引

B. 可修改列表中的元素，但不能修改字符串中的单个字符

C. 字符和列表均支持成员关系操作符（in）

D. 字符串是字符的无序组合

8. 下面代码的输出结果是（　　）。

```
a=list('abc')
print("#".join(a+['1','2']))
```

A. abc#12　　B. abc#1#2　　C. a#b#c#12　　D. a#b#c#1#2

9. 下面代码的输出结果是（　　）。

```
a = [1,2]
a.append(3)
a.insert(3,[4,5])
print(a)
```

A. [1, 2, 3, [4, 5]]　　　　　B. [1, 2, 3, 4, 5]

C. [1, 2, [4, 5] , 3]　　　　　D. [1, 2, 3, 4, 5, 3]

10. 下列关于列表的操作中，说法错误的是（　　）。

A. clear()方法可以删除列表的最后一个元素

B. copy()方法可以复制列表的全部元素，生成一个新列表

C. reverse()方法可以将列表中的所有元素反转顺序

D. append(x)方法可以在列表末尾增加一个元素 x

11. 程序代码如下：

```
s=list('I am a professional Python programmer')
```

下列选项中能输出字符"a"出现次数的是（　　）。

A. print(s.index("a"))　　　　B. print(s.index("a",1))

C．print(s.index("a",1,len(s))) 　　　D．print(s.count("a"))

12．程序代码如下：

```
try:
    lt = eval(input("请输入一个列表:"))
    lt.reverse()
    print(lt)
except:
    print("输入错误")
```

程序运行时输入"1,2,3"，则输出的结果是（　　）。

A．1,2,3　　　　　B．3,2,1　　　　　C．输入错误　　　D．运行出错

13．下面代码的输出结果是（　　）。

```
t=(1,(2,3),(4,[5,6,7]))
print(len(t))
```

A．7　　　　　　B．4　　　　　　C．3　　　　　　D．6

14．下面代码的输出结果是（　　）。

```
x=(1,2,3)*3
print(x.index(2,3))
```

A．3　　　　　　B．4　　　　　　C．5　　　　　　D．6

15．下面代码的输出结果是（　　）。

```
color={"red":"红色","green":"绿色","blue":"蓝色"}
print(color['red'],color.get('blue','黄色'))
```

A．红色 黄色　　B．红色 蓝色　　C．绿色 黄色　　D．红色 绿色

16．下列运行会出错的语句是（　　）。

A．d = {[1,2]:1, [3,4]:3}　　　　　B．d = {(1,2):1, (3,4):3}

C．d = {'x':1, 'y':2}　　　　　　　D．d = {1:[1,2], 3:[3,4]}

17．以下关于字典的说法中，错误的是（　　）。

A．字典是键值对的集合　　　　　B．字典中元素通过键来索引访问

C．字典长度是可变的　　　　　　D．字典中的键允许重复

18．下面代码的输出结果是（　　）。

```
a={1:"one", 2:"two", 3:"three"}
for k in a:
    print(k, end="")
```

A．1:one2:two3:three　　　　　B．123

C．onetwothree　　　　　　　　D．threetwoone

19．给出如下代码：

```
mn={"1 月":"January","2 月":"February","3 月":"March",
    "4 月":"April","5 月":"May","6 月":"June"
    ,"7 月":"July","8 月":"August","9 月":"September"
```

```
        ,"10 月":"October","11 月":"November","12 月":"December"}
n = input("请输入 1-12 的月份:")
print(n+"月: "+mn.get(n+"月"))
```

下列选项中正确的是（　　）。

    A. 代码可输入一个整数（1-12）来表示月份，并输出该月份对应的名称

    B. mn 是列表类型变量

    C. mn 是一个元组

    D. mn 是集合类型变量

20. 下面的程序用于实现：从键盘输入一个字符串，输出字符串中各个字符的出现次数。可填入画线处将程序补充完整的语句是（　　）。

```
x=input('请输入一串字符: ')
cs={}
for a in x:
    _____
for k in cs.keys():
    print(k,cs[k])
```

    A. cs[a] = cs[a] + 1　　　　　　　　B. cs[a] = 1

    C. cs[a] = cs.get(a,1) + 1　　　　　D. cs[a] = cs.get(a,0) + 1

4.2.2 操作题

1. 下面的程序用于实现：任意输入多个数字（逗号分隔），用这些数字创建一个集合，并输出该集合。从键盘输入一个数据，如果集合包含该数据，将其从集合中删除；否则将其添加到集合中。请在画线处添加适当语句，将程序补充完整。

```
a=input('请输入多个数(逗号分隔): ')
b=_____①_____
print('原集合: ',b)
c=eval(input('请输入一个数: '))
if c in b:
    _____②_____
    print('已从集合中删除',c)
else:
    _____③_____
    print(c,'已添加到集合中')
print('新集合: ',b)
```

2. 下面的程序用于实现：用输入的字符串创建列表，去掉重复字符后，将字符按从小到大的顺序输出。请在画线处添加适当语句，将程序补充完整。

```
a=input('请输入一串字符: ')
b=_____①_____
print('原列表: ',b)
b=_____②_____
b.sort()
```

```
print('排序后的字符: ',end='')
for c in b:
    print(c,end='')
```

3. 下面的程序用于实现：用输入的多个数创建列表，并将数按从大到小的顺序输出。请在画线处添加适当语句，将程序补充完整。

```
a,*b=eval(input('请输入多个数(逗号分隔): '))
_____①_____
print('原列表: ',b)
_____②_____
print('排序后: ',b)
```

4. 下面的程序用于实现：输入一个整数，在字典中查询其映射的值，如果字典的键包含该整数，则将对应的键值对删除。请在画线处添加适当语句，将程序补充完整。

```
d={1:'one',2:'two',3:'three',4:'four',5:'five'}
a=_____①_____
if _____②_____ :
    b=_____③_____
    print('已从字典中删除键值对: {%s:"%s"}'%(a,b))
else:
    print(a,'不是字典中的键')
```

5. 编写程序，实现任意输入一串字符，按字符顺序输出各个字符的出现次数（要求使用列表完成出现次数的统计）。示例运行结果如下。

```
请输入一串字符: ababcabcdabcde
a : 4
b : 4
c : 3
d : 2
e : 1
```

6. 编写程序，实现任意输入一组词语，输出各个词语及其出现的次数（要求使用字典完成次数的统计）。示例运行结果如下。

```
请输入一组词语（空格分隔）: the apple the pear apple 苹果 梨 香蕉 苹果 香蕉 苹果梨
the : 2
apple : 2
pear : 1
苹果 : 2
梨 : 1
香蕉 : 2
苹果梨 : 1
```

7. 编写程序，实现任意输入一串英文字符，将其加密后输出。加密规则为将每个字符转换为其 ASCII 值加 3 的字符（要求使用列表完成转换）。示例运行结果如下。

```
请输入一串英文字符: abcdef
加密后: defghi
```

8. 有如下一组运动员 100 米短跑成绩。

Powell: 9.74

Green: 9.79

Bolt: 9.69

Burrell: 9.85

Montgomery: 9.78

Lewis: 9.86

编写一个程序，按名次输出排名、姓名和成绩，示例运行结果如下。

```
名次      姓名           成绩
1        Bolt          9.69
2        Powell        9.74
3        Montgomery    9.78
4        Green         9.79
5        Burrell       9.85
6        Lewis         9.86
```

9. 假设密码本中数字和字符的对应关系为：0→h、1→n、2→b、3→x、4→m、5→a、6→q、7→f、8→e、9→y。编写一个程序，任意输入一组整数，用密码本进行加密，并输出加密结果。示例运行结果如下。

```
请输入一组整数（空格分隔）: 5 2 67 81 90
加密后:  a b qf en yh
```

10. 现有表 4-1 和表 4-2 所示的两组商品数据。

表 4-1

商品名称	价格
苹果	5.5
香蕉	4.8
山竹	12.5
西瓜	5.6
梨	4.5

表 4-2

商品名称	价格
山竹	12.5
梨	4.5
冬枣	8.5

编写程序完成下列任务。

（1）输出表 4-1 和表 4-2 均包含的商品信息。

（2）输出属于表 4-1，但不属于表 4-2 的商品信息。

（3）输出属于表 4-1 但不属于表 4-2，或者属于表 4-2 但不属于表 4-1 的商品信息。

（4）输入商品名称，查询其价格。

示例运行结果如下。

```
(1)同时属于表 4-1 和表 4-2 的商品
   山竹    12.5
   梨      4.5
(2)属于表 4-1 但不属于表 4-2 的商品
   西瓜    5.6
   苹果    5.5
   香蕉    4.8
(3)属于表 4-1 但不属于表 4-2，或者属于表 4-2 但不属于表 4-1 的商品
   冬枣    8.5
   香蕉    4.8
   西瓜    5.6
   苹果    5.5
请输入商品名称：梨
梨 价格为：  4.5
```

单元5
程序控制结构

学习目的:

理解和掌握程序的控制结构及其实现方法。

相关知识点:

if 语句、for 语句、while 语句以及异常处理结构。

5.1 实验指导

5.1.1 实验1: 使用 if 语句

1. 实验目的
掌握 if 语句的使用方法。
2. 实验环境
Windows 10 操作系统、Python 3.12。
3. 实验内容
编写一个程序,实现下列功能。
根据表 5-1 所示的个人所得税税率表计算个人所得税。

实验 5-1 使用 if 语句

表 5-1 个人所得税税率表

纳税金额	税率	速算扣除
不超过 36000 元的	3%	0
超过 36000 元至 144000 元的	10%	2520

续表

纳税金额	税率	速算扣除
超过 144000 元至 300000 元的	20%	19620
超过 300000 元至 420000 元的	25%	31920
超过 420000 元至 660000 元的	30%	52590
超过 660000 元至 960000 元的	35%	85920
超过 960000 元的	45%	181920

注：纳税金额=税前收入−5000−专项扣除金额−专项附加扣除金额

4. 实验过程

请自行编写程序，示例运行结果如下。

```
请输入税前收入（整数）：5898.5
请输入专项扣除金额（整数）：2000
请输入专项附加扣除金额（整数）：1000
输入的不是有效收入
```

或者：

```
请输入税前收入（整数）：18000
请输入专项扣除金额（整数）：2300
请输入专项附加扣除金额（整数）：2000
应缴税所得额：8700 个税：261.0
```

提示：

（1）用 if…else 结构检查输入数据是否为正整数，如果是则计算个税，否则提示"输入的不是有效收入"。

（2）用 if…elif…else 多分支结构计算个税。

5.1.2 实验 2：使用 for 语句

1. 实验目的

掌握 for 语句的使用方法。

2. 实验环境

Windows 10 操作系统、Python 3.12。

实验 5-2 使用
for 语句

3. 实验内容

编写一个程序，实现下列功能。

输出大于 100 的 10 个对偶数。一个 n 位数表示为 $a_na_{n-1}\cdots a_1$，其中，$a_n=a_1$、$a_{n-1}=a_2$、依此类推，满足这样条件的数称为对偶数。例如，101、111、121、212、1001、12321 等都是对偶数。

4. 实验过程

请自行编写程序，示例运行结果如下。

```
大于 100 的 10 个对偶数：
101 111 121 131 141 151 161 171 181 191
```

提示：预设一个范围，如 range(100,1000)，依次判断其中的数是否为对偶数，如果是则输出并计数。

5.1.3 实验 3：使用 while 语句

1. 实验目的

掌握 while 语句的使用方法。

2. 实验环境

Windows 10 操作系统、Python 3.12。

3. 实验内容

编写一个程序，要求输入一个整数。输入非整数时提示"输入错误，请重新输入。"输入-1 时程序结束。

实验 5-3 使用 while 语句

4. 实验过程

请自行编写程序，示例运行结果如下。

```
请输入一个整数: 12
请输入一个整数: 2.5
输入错误，请重新输入。
请输入一个整数: 5
请输入一个整数: -1
```

提示：可用 while True 语句创建无限循环，在输入为-1 时结束循环。可用表达式"type(n)==type(1)"来判断 *n* 是否为整数。

5.1.4 实验 4：异常处理

1. 实验目的

掌握异常处理的基本方法。

2. 实验环境

Windows 10 操作系统、Python 3.12。

实验 5-4 异常处理

3. 实验内容

编写一个程序，实现下列功能。

输入两个任意的不同数据类型的数据执行加法运算，输出计算结果。执行加法运算出错时，显示错误信息。当其中一个输入的数据为-9999 时结束运行。

4. 实验过程

请自行编写程序，示例运行结果如下。

```
请输入第 1 个数据: 2
请输入第 2 个数据: True
2 + True = 3
请输入第 1 个数据: 5
请输入第 2 个数据: 'ab'
异常类型: TypeError
异常描述: unsupported operand type(s) for +: 'int' and 'str'
堆栈跟踪信息:
    File "D:/实验 5-4.py", line 9, in <module>
```

```
print(a,'+',b,'=',a+b)
```
请输入第 1 个数据: -9999
请输入第 2 个数据: 1

5.2　习题

5.2.1　选择题

1. 下面代码的输出结果是（　　）。

```
x=list()
y=0
if x:
    y=1
print(y)
```

  A. 0　　　　　　　　B. 1　　　　　　　　C. 没有输出　　　　D. 出错

2. 下面代码的输出结果是（　　）。

```
x={1}
y=0
if x:
    y=1
else:
    y=-1
print(y)
```

  A. 0　　　　　　　　B. 1　　　　　　　　C. −1　　　　　　　D. 出错

3. 下面的代码在运行时输入"12"，则输出结果是（　　）。

```
x=input('请输入一个数: ')
if x=='1':
    print('One')
elif x=='2':
    print('Two')
elif x=='3':
    print('Three')
else:
    print('Other')
```

  A. One　　　　　　　B. Two　　　　　　　C. Three　　　　　　D. Other

4. print(True if 2>=0 else False)的输出结果是（　　）。

  A. True　　　　　　B. False　　　　　　C. 1　　　　　　　　D. −1

5. 下面代码的输出结果是（　　）。

```
a=2
b=3
c=a if a<b else b
print(c)
```

A. 2   B. 3   C. True   D. False

6. 下面代码的输出结果是（　　）。

```
a = ['123','456','789']
s = 0
n = 0
for b in a:
    s += a[n][n]
    n+=1
print(s)
```

A. 0   B. 15   C. 159   D. 程序运行出错

7. 下面代码的输出结果是（　　）。

```
a=range(10)
for i in reversed(a[::-2]):
    print(i,end=" ")
```

A. 0 2 4 6 8   B. 8 6 4 2 0   C. 1 3 5 7 9   D. 9 7 5 3 1

8. 下面代码的输出结果是（　　）。

```
s=0
n=1
while n%4!=0:
    s=s+n
    n=n+1
print(s)
```

A. 3   B. 6   C. 10   D. 15

9. 下列关于 Python 循环结构的说法中，错误的是（　　）。

A. 遍历循环中的遍历结构可以是字符串、文件、组合数据类型和 range 对象等
B. break 语句可用于跳出内层的 for 或者 while 循环
C. continue 语句可用于跳出当前层次的循环
D. while 语句可实现无限循环

10. 下面代码的输出结果是（　　）。

```
for i in range(8):
    if i%2==1:
        continue
    else:
        print(i, end=" ")
```

A. 1 3 5 7   B. 2 4 6 8   C. 0 2 4 6   D. 0 2 4 6 8

11. 下面代码的输出结果是（　　）。

```
cs =["a","ab","cd","bcd"]
for s in cs:
    if "b" in s:
        print(s,end="")
        continue
```

A.	B.	C.	D.
ab	abbcd	cd	acd
cd			

12. 下面代码的输出结果是（　　）。

```
cs =[1,2,3,4]
for s in cs:
    if s%2==0:
        print(s,end="")
        continue
```

    A. 1234   B. 13   C. 24   D. 4321

13. 下面代码的输出结果是（　　）。

```
s=0
n=0
while n<=10:
    n=n+1
    if n%2==0:
        continue
    s=s+n
print(s)
```

    A. 25   B. 30   C. 36   D. 41

14. 下列关于 Python 异常处理的说法中，错误的是（　　）。

    A. 程序中的异常可进行捕捉处理

    B. 异常处理结构中可使用 else 和 finally 等语句

    C. 异常和语法错误是程序错误的两种称谓

    D. try、except 等语句用于处理异常

15. 在 Python 异常处理结构中，可能发生异常的代码应放置的部分是（　　）。

    A. try   B. expect   C. else   D. finally

16. 关于 Python 异常处理的说法不正确的是（　　）。

    A. 异常处理结构中可同时有 except 和 finally 子句

    B. 可以用异常处理结构捕获程序中的所有异常

    C. 异常处理结构中的 else 部分在没有异常发生时执行

    D. 可使用 raise 语句在程序中主动引发异常

17. 下列选项中，Python 用于异常处理，捕获特定类型异常的关键字是（　　）。

    A. except   B. do   C. pass   D. while

18. 下面代码的输出结果是（　　）。

```
x=1
y=1
while y<=5:
    x=x*y
    y=y+2
print(x)
```

A. 1   B. 10   C. 15   D. 20

19. 下列选项中，不能用于实现 Python 语言的基本控制结构的语句是（   ）。

    A. try   B. for   C. if   D. goto

20. 下列关于 Python 的控制结构描述错误的是（   ）。

    A. for 循环中可用 range 对象控制循环次数

    B. 只有在 if 语句中使用 else 子句才能实现双分支结构

    C. break 语句可终止当前循环

    D. while 语句可实现无限循环

5.2.2 操作题

1. 下面的程序用于实现输出前 n 个偶数，请在画线处添加适当的语句将程序补充完整。

```
n=eval(input('请输入 n: '))
x=2
while _____①_____:
    print(x,end=' ')
        _____②_____
```

2. 下面的程序用于计算 1+2+…+100，请在画线处添加适当的语句将程序补充完整。

```
_____①_____
for n _____②_____:
    s+=n
print('1+2+...+100=',s)
```

3. 斐波那契数列：1,1,2,3,5,8…。下面的程序用于输出斐波那契数列的前 n 项，请在画线处添加适当的语句将程序补充完整。

```
n=int(input('请输入 n: '))
a=b=1
print(1,1,end='')
for x_____①_____:
    print('',a+b,end='')
        _____②_____
```

4. $e=1+\dfrac{1}{1!}+\dfrac{1}{2!}+\dfrac{1}{3!}+\cdots+\dfrac{1}{n!}+\cdots$，下面的程序用于根据该公式计算 e 的近似值，请在画线处添加适当的语句将程序补充完整。

```
n=int(input('请输入 n: '))
_____①_____
x=1
for i in range(1,n+1):
    _____②_____
    s+=1/x
print('e=',s)
```

5. 下面的程序用于计算 $n!$，请在画线处添加适当的语句将程序补充完整。

```
n=int(input('请输入 n: '))
s=1
x=2
while _____①_____ :
    s*=x
    _____②_____
print('%s! ='%n,s)
```

6. 设有如下矩阵。

$$\begin{bmatrix} 1 & 2 & 3 & 4 & 5 \\ 10 & 9 & 8 & 7 & 6 \\ 11 & 12 & 13 & 14 & 15 \\ 20 & 19 & 18 & 17 & 16 \\ 21 & 22 & 23 & 24 & 25 \end{bmatrix}$$

编写程序计算所有元素之和、主对角线元素及次对角线元素之和。

7. 任意输入两个正整数，计算其最大公约数和最小公倍数。

8. 输出所有的"水仙花数"。"水仙花数"是一个三位数，它的各位数字的立方和等于该数。例如，$1^3+5^3+3^3=153$，则 153 是"水仙花数"。

9. 如果整数 m 的全部因子（包括 1，不包括 m 本身）之和等于 n；且整数 n 的全部因子（包括 1，不包括 n 本身）之和等于 m，则将整数 m 和 n 称为亲密数。输出 2000 以内的全部亲密数。

10. 输出 n 阶杨辉三角，示例运行结果如下。

```
请输入正整数 n: 7
1
1    1
1    2    1
1    3    3    1
1    4    6    4    1
1    5    10   10   5    1
1    6    15   20   15   6    1
```

单元6
函数与模块

学习目的：

掌握函数的定义和使用方法。

相关知识点：

普通函数的定义和使用方法，可接收任意个参数的函数的定义和使用方法，递归函数的定义和使用方法。

6.1 实验指导

6.1.1 实验1：定义素数判断函数

1. 实验目的
掌握普通函数的定义和调用。

2. 实验环境
Windows 10 操作系统、Python 3.12。

3. 实验内容
定义一个素数判断函数 isprime()，利用该函数输出 100 以内的所有素数。

4. 实验过程
请自行编写程序，示例运行结果如下。

实验 6-1　定义素数判断函数

```
100 以内的素数：
1 2 3 5 7 11 13 17 19 23 29 31 37 41 43 47 53 59 61 67 71 73 79 83 89 97
```

6.1.2 实验 2：定义求和函数

1. 实验目的

掌握可接收任意个数参数的函数的定义和调用。

2. 实验环境

Windows 10 操作系统、Python 3.12。

实验 6-2　定义求
和函数

3. 实验内容

定义一个求和函数 fsum()，该函数可接收任意个数的参数。从键盘任意输入多个数值，调用 fsum()函数求和。

4. 实验过程

请自行编写程序，示例运行结果如下。

```
请输入多个数据：1,2,3
和 = 6
```

或者：

```
请输入多个数据：20,10,4,5
和 = 39
```

6.1.3 实验 3：模拟汉诺塔

1. 实验目的

掌握递归函数的定义和调用。

2. 实验环境

Windows 10 操作系统、Python 3.12。

实验 6-3　模拟汉
诺塔

3. 实验内容

汉诺塔（又称河内塔）是源于印度的一个古老传说的益智玩具。现有三根金刚石柱子，一根柱子从下往上按照从大到小的顺序摆着 64 片黄金圆盘。现在需要将圆盘移动到另一根柱子，并且规定：小圆盘只能放在大圆盘之上，在 3 根柱子之间每次只能移动一片圆盘（也称汉诺塔问题）。

编写一个程序模拟解决汉诺塔问题。从键盘输入圆盘数，用小写字母 a、b、c 等表示圆盘，用大写字母 A、B、C 表示柱子。输出圆盘的移动顺序。

4. 实验过程

请自行编写程序，示例运行结果如下。

```
请输入圆盘数：3
1    a : A --------> C
2    b : A --------> B
3    a : C --------> B
4    c : A --------> C
5    a : B --------> A
6    b : B --------> C
7    a : A --------> C
```

提示：

汉诺塔问题可归纳为如下步骤。

第一步：将 A 柱子最上面的 $n-1$ 片圆盘通过 C 柱子移动到 B 柱子。

第二步：将 A 柱子剩余的一片圆盘移动到 C 柱子。

第三步：将 B 柱子的 $n-1$ 片圆盘通过 A 柱子移动到 C 柱子。

6.2　习题

6.2.1　选择题

1. 下列关于 Python 函数的说法错误的是（　　）。

   A. 函数是一段可重用的语句组

   B. 函数通过函数名进行调用

   C. 每次调用函数提供参数的数据类型必须相同

   D. 调用函数时，可以不为带默认值的参数提供实参

2. Python 语言中用来定义函数的关键字是（　　）。

   A. return　　　　　　B. def　　　　　　C. function　　　　D. class

3. 下列关于函数的说法错误的是（　　）。

   A. 函数使用 def 语句定义　　　　　　　B. 函数可以没有参数

   C. 函数可以有多个参数　　　　　　　　D. 函数可以有多个返回值

4. 下列关于函数调用的说法错误的是（　　）。

   A. 函数调用可以出现在任意位置　　　　B. 函数是一种对象

   C. 可将函数名赋值给变量　　　　　　　D. 函数名是一个变量

5. 函数定义如下。

```
def f(a,b):
    return a+b
```

下列选项中函数调用错误的是（　　）。

   A. f(1,2)　　　　　　B. f(a=1,b=2)　　　C. f(b=2,a=1)　　　D. f((1,2))

6. 下列关于函数参数的说法错误的是（　　）。

   A. 参数是整数对象时，不能改变实参的值

   B. 参数是字典对象时，可改变实参的值

   C. 参数的值是否可改变与参数类型无关

   D. 参数是列表对象时，可改变原参数的值

7. 执行下面代码的输出结果是（　　）。

```
def fun(a,b=1,c=2):
    print(a+b+c)
fun(3, ,4)
```

A. 7　　　　　　B. 8　　　　　　C. 6　　　　　　D. 出错

8. 下面代码的输出结果是（　　）。

```
def f(a,b,*c):
    print(a)
    print(b)
    print(c)
f(1,2,3,4)
```

A. 1
   2
   [3, 4]　　B. 1 2 3,4　　C. 1
                      2
                      3, 4　　D. 1
    2
    (3, 4)

9. 下面代码的输出结果是（　　）。

```
def f(y):
    y*=2
x=3
f(x)
print(x)
```

A. 3　　　　　　B. 6　　　　　　C. 无输出　　　　D. 出错

10. 下列关于函数参数的说法错误的是（　　）。

A. 函数的可选参数必须写在非可选参数的后面

B. 使用形参名赋值格式传递实参时，参数位置可以和形参位置不同

C. 传递可变数量的实参时，这些实参作为一个元组对象传递到函数中

D. 当函数有多个可选形参时，调用函数时不传递值的可选参数可用空格或 None 代替

11. 下面代码的输出结果是（　　）。

```
a=[]
def f(b):
    b.extend([1,2])
f(a)
print(a)
```

A. [1,2]　　　　B. 1,2　　　　　C. 1 2　　　　　D. []

12. 函数定义如下。

```
def f(a,b=1):
    print(a,b)
```

下列选项中函数调用错误的是（　　）。

A. f(1)　　　　B. f(a=1)　　　　C. f(a=1,2)　　　　D. f(b=2,a=1)

13. 函数定义如下。

```
def f(a,*b):
    s=a
    for c in b:
```

```
    s+=c
  return s
```

下列选项中函数调用错误的是（　　）。

    A. f(1)   B. f(1,2)   C. f(a=1)   D. f(a=1,b=2)

14. 下列关于 Python 的 lambda 函数的说法中，错误的是（　　）。

    A. lambda 语句用于创建一个匿名函数

    B. 执行 add = lambda a,b:a+b 后，add 的类型为 function

    C. 在 lambda 函数的表达式中可调用各种内置函数

    D. lambda 函数是匿名函数，不能将其赋值给变量

15. 关于下列代码的说法错误的是（　　）。

```
def f(n):
    if n in (1,2):
        return 1
    else:
        return f(n-1)+f(n-2)
print(f(6))
```

    A. 函数 f(n)的作用是返回斐波那契数列的第 n 项

    B. 代码运行时的输出结果为 8

    C. 函数 f()是一个递归函数

    D. 调用函数 f()时的实参可以是任意整数

16. 下面代码的输出结果是（　　）。

```
d=[lambda a,b: a+b,lambda a,b: a-b,lambda a,b:a*b,lambda a,b:a/b]
x=d[1](4,5)
print(x)
```

    A. 9   B. −1   C. 40   D. 0.8

17. 下列说法中正确的是（　　）。

    A. 局部变量指在函数内部使用的变量

    B. 使用 global 关键字声明的变量是全局变量

    C. 简单数据类型的变量只能在函数内部创建和使用

    D. 全局变量指在函数之外创建的变量，在程序执行的全过程有效

18. 下列选项中错误的是（　　）。

    A. 使用 global 关键字声明变量后，可在函数内部给其赋值

    B. 局部变量与全局变量的名称可以相同

    C. 函数运行结束后，局部变量会被释放

    D. nonlocal 关键字用于在函数内部声明全局变量

19. 执行下面的代码，输出结果是（　　）。

```
def func():
    global x
```

```
    x=200
x=100
func()
print(x)
```

    A. 0   B. 100   C. 200   D. 300

20. 下列关于模块的说法错误的是（　　）。

    A. 模块应先导入后使用   B. 每次导入都会执行模块

    C. 在模块中可以导入其他的模块   D. 模块中的变量不一定能全部导入

6.2.2　操作题

1. 下面的程序用自定义函数 fsum() 计算多个数的和，请在画线处添加适当的语句将程序补充完整。

```
def fsum(a):
    s=0
    for n in a:
        s+=n
_____①_____
b,*a=eval(input('请输入 n 个数: '))
_____②_____
print(fsum(a))
```

2. 下面的程序定义函数计算 $n!$，n 从键盘输入，请在画线处添加适当的语句将程序补充完整。

```
def fact(n):
    s=1
    for _____①_____ :
        s*=a
    return s
n=eval(input('请输入 n: '))
print('%d! ='%n, _____②_____ )
```

3. 下面的程序利用函数返回输入的多个数据中的最大值和最小值，请在画线处添加适当的语句将程序补充完整。

```
(*a,)=eval(input('请输入用逗号分隔的多个数据: '))
mm=lambda _____①_____
print('最大最小值元组: ', _____②_____ )
```

示例运行结果如下。

```
请输入逗号分隔的多个数据: 1,2,3,4
最大最小值元组:  (4, 1)
```

4. 下面的程序定义一个计算列表中所有数据的平均值的函数，请在画线处添加适当的语句将程序补充完整。

```
def _____①_____:
    s=0
    for n in a:
        s+=n
    _____②_____
(*a,)=eval(input('请输入用逗号分隔的多个数据: '))
print('平均值=',faver(a))
```

5. 定义一个函数完成矩阵的转置。矩阵通过键盘输入（每行中的数据用逗号分隔，行之间用空格分隔），输出原矩阵和转置后的矩阵。示例运行结果如下。

```
请输入原矩阵: 1,2,3,4 5,6,7,8
原矩阵:
1    2    3    4
5    6    7    8
转置矩阵:
1    5
2    6
3    7
4    8
```

6. 定义一个函数，将 *n* 个数的前半部分和后半部分对换。*n* 为奇数时，中间的数不移动。示例运行结果如下。

```
请输入多个数据: 1,2,3,4,5
对换后:
4 5 3 1 2
```

7. 定义一个函数实现两个 2×2 矩阵的乘法运算，乘法运算规则如图 6-1 所示。输入两个矩阵，输出其乘法运算结果。

$$\begin{pmatrix} a_{11} & a_{12} \\ a_{21} & a_{22} \end{pmatrix} \begin{pmatrix} b_{11} & b_{12} \\ b_{21} & b_{22} \end{pmatrix} = \begin{pmatrix} a_{11}b_{11} + a_{12}b_{21} & a_{11}b_{12} + a_{12}b_{22} \\ a_{21}b_{11} + a_{22}b_{21} & a_{21}b_{12} + a_{22}b_{22} \end{pmatrix}$$

图 6-1   2×2 矩阵的乘法运算规则

示例运行结果如下。

```
请输入矩阵 A: 1,2 3,4
请输入矩阵 B: 5,6 7,8
矩阵 A:
1    2
3    4
矩阵 B:
5    6
7    8
A×B=
19   22
43   50
```

8. 定义一个判断素数的函数，调用该函数输出[10,100]范围内的素数，每行最多输出 10 个。示例运行结果如下。

```
[10,100]范围内的素数：
11 13 17 19 23 29 31 37 41 43
47 53 59 61 67 71 73 79 83 89
97
```

9. 定义一个函数完成两个字符串的减法运算，例如，'abcabcde'-'ab'表示从字符串 'abcabcde'中删除全部的'ab'，结果为'ccde'。字符串的减法表达式从键盘输入。

示例运行结果如下。

```
请输入字符串减法表达式：'abcabcdabcdef'-'ab'
'abcabcdabcdef'-'ab' = 'ccdcdef'
```

10. 定义一个函数，计算 *n* 个数的平均值。示例运行结果如下。

```
请输入 n 个数：1,2,3,4
1+2+3+4 的平均值 = 2.5
```

单元 7
文件和数据组织

学习目的： 掌握文件的读写方法，掌握数据的排序和查找方法。

相关知识点： 文本文件的读写方法，文件中对象的读写方法，CSV 文件的读写方法，数据的排序和查找方法。

7.1 实验指导

7.1.1 实验1：读写文本文件

1. 实验目的
掌握文本文件的读写方法。

2. 实验环境
Windows 10 操作系统、Python 3.12。

实验 7-1　读写文本文件

3. 实验内容
编写一个程序，从键盘输入唐诗《春晓》，将其存入文本文件，然后从文本文件中读取该唐诗并输出。

4. 实验过程
请自行编写程序，示例运行结果如下。

请输入诗句内容：春晓 孟浩然 春眠不觉晓 处处闻啼鸟 夜来风雨声 花落知多少
　　　春晓
　　孟浩然
　春眠不觉晓
处处闻啼鸟

夜来风雨声
花落知多少

文件中的输出结果如下。

春晓
孟浩然
春眠不觉晓
处处闻啼鸟
夜来风雨声
花落知多少

提示：（1）输出到文件时，应注意数据的换行。（2）注意空格和汉字的对齐问题。通常，每个英文字符输出时占 1 个半角字符的宽度，每个汉字占 2 个半角字符宽度。chr(12288)可表示全角空格。

7.1.2　实验 2：用文件存储对象

1.　实验目的
掌握使用文件读写对象的基本方法。

2.　实验环境
Windows 10 操作系统、Python 3.12。

3.　实验内容
现有学生数据如表 7-1 所示。

实验 7-2　用文件
存储对象

表 7-1　学生数据

准考证号	姓名	性别	专业
101607	吴姣	女	学前教育
101704	张思思	女	学前教育
701321	蔡鸿羽	男	电气自动化技术
180422	甘雨婷	女	电气自动化技术
111102	陈鹏涛	男	电子商务
701220	杜建辉	男	电子商务

编写一个程序，完成下列任务。

（1）选择适当的 Python 对象（列表、字典等）存储上述数据，并将对象写入文件。

（2）从文件中读取对象，并从键盘输入准考证号进行查询。

4.　实验过程
请自行编写程序，示例运行结果如下。

```
数据已存入文件: d:/data7-2.dat
请输入准考证号: 180422
准考证号      姓名      性别    专业
180422       甘雨婷    女      电气自动化技术
```

或者：

```
数据已存入文件: d:/data7-2.dat
请输入准考证号: 110011
未找到准考证号: 110011 匹配的学生数据!
```

7.1.3　实验 3：读写 CSV 文件

1. 实验目的
掌握 CSV 文件的读写方法。

2. 实验环境
Windows 10 操作系统、Python 3.12。

3. 实验内容
编写一个程序，使用表 7-1 中的学生数据，完成下列任务。

（1）使用普通文件读写方法将数据以 CSV 格式写入文本文件，然后从文件读取数据，并将数据按准考证号排序输出。

（2）使用 csv 模块方法将数据以 CSV 格式写入文本文件，然后从文件读取数据，将数据按姓名排序输出。

4. 实验过程
请自行编写程序，示例运行结果如下。

```
使用普通文件读写方法读写 CSV 文件
数据已存入文件: d:/data7-3-1.txt
准考证号    姓名    性别    专业
101607    吴姣    女    学前教育
101704    张思思    女    学前教育
111102    陈鹏涛    男    电子商务
180422    甘雨婷    女    电气自动化技术
701220    杜建辉    男    电子商务
701321    蔡鸿羽    男    电气自动化技术

使用 csv 模块方法读写 CSV 文件
数据已存入文件: d:/data7-3-2.txt
准考证号    姓名    性别    专业
111102    陈鹏涛    男    电子商务
701321    蔡鸿羽    男    电气自动化技术
180422    甘雨婷    女    电气自动化技术
701220    杜建辉    男    电子商务
101704    张思思    女    学前教育
101607    吴姣    女    学前教育
```

7.1.4　实验 4：数据的排序和查找

1. 实验目的
掌握选择排序方法和折半查找方法。

2. 实验环境

Windows 10 操作系统、Python 3.12。

3. 实验内容

文件 data7-4.txt 中的数据如下。

```
28,51,66,42,60,23,53,16,14,31,92,59,45
```

编写一个程序，读取文件中的数据，并将数据按从小到大的顺序输出。从键盘任意输入一个数，在排序后的数据中查找该数，如果有该数，则输出其位置。

4. 实验过程

请自行编写程序，示例运行结果如下。

```
排序后: 14 16 23 28 31 42 45 51 53 59 60 66 92
请输入一个数: 23
23 是第 3 个数据
```

或者：

```
排序后: 14 16 23 28 31 42 45 51 53 59 60 66 92
请输入一个数: 35
不包含 35
```

7.2 习题

7.2.1 选择题

1. 下列关于 Python 文件处理的说法中，错误的是（   ）。
   A. Python 能处理 JPG 图像文件　　　　B. Python 能处理 CSV 文件
   C. Python 能处理 Excel 文件　　　　　D. 文本文件不能作为二进制文件来处理
2. 下列关于文件的说法错误的是（   ）。
   A. Python 中的文件可存储字符或二进制数据
   B. 文本文件和二进制文件都是文件
   C. 存储字符的文本文件不能用二进制文件格式读取数据
   D. 二进制文件可采用文本文件格式读取数据
3. 下列关于文件操作的说法中，错误的是（   ）。
   A. open()函数用于打开文件
   B. 以文本文件格式打开文件时，文件按照字节流方式进行读取
   C. 文件使用结束后要用 close()方法关闭
   D. Python 能够以文本文件和二进制文件两种格式处理文件
4. 不能作为 Python 中文件的打开模式的是（   ）。
   A. w　　　　　　　B. +　　　　　　　C. a　　　　　　　D. r
5. 关于 Python 文件打开模式的说法错误的是（   ）。

A. w 模式会覆盖原有的文件　　B. a 模式可以在文件末尾添加数据
C. b 模式可以创建新文件　　D. r 模式只能从文件读取数据

6. 下列选项中，可用于读取 CSV 文件的是（　）。
A. f=open("data.csv","w")　　B. f=open("data.csv","x")
C. f=open("data.csv","a")　　D. f=open("data.csv","r")

7. 下列关于 Python 文件的说法错误的是（　）。
A. b 模式表示以二进制格式处理文件
B. +模式表示可以同时对文件进行读和写操作
C. readlines()函数返回一个列表，每行数据为一个列表元素
D. a 模式表示以追加方式打开文件，不会创建新文件

8. 下列选项中，不是 Python 对文件的读操作方法的是（　）。
A. readline()　　B. readlines()　　C. readall()　　D. read()

9. 有如下代码：

```
fn=input("请输入文件名: ")
f=open(fn)
for r in f.readlines():
    print(r)
f.close()
```

下列选项中错误的是（　）。
A. f.readlines()方法将文件的全部内容读入一个字典
B. f.readlines()方法将文件的全部内容读入一个列表
C. 代码可以优化为：

```
fn=input("请输入文件名: ")
for r in open(fn):
    print(r)
```

D. 代码的作用是：用户输入文件名，以文本文件格式读取文件内容并逐行输出

10. 设文件 d:/data.txt 内容如下：

```
Python,Java,C++
JavaScript,HTML
```

下面代码的执行结果是（　）。

```
f = open("d:/data.txt")
data = f.read().split(",")
f.close()
print(data)
```

A. ['Python', 'Java', 'C++\nJavaScript', 'HTML']
B. ['Python', 'Java', 'C++', 'JavaScript', 'HTML']
C. ['Python', 'Java', 'C++', '\n', 'JavaScript', 'HTML']
D. 'Python', 'Java', 'C++', 'JavaScript', 'HTML'

11. 执行如下代码：

```
fname = input("请输入要写入的文件: ")
fo = open(fname, "w+")
ls = ["Python","Java","C++","Ruby"]
fo.writelines(ls)
fo.seek(0)
for line in fo:
    print(line)
fo.close()
```

下列选项中错误的是（　　）。

    A. fo.writelines(ls)将元素全为字符串的 ls 列表写入文件

    B. fo.seek(0)这行代码可以省略

    C. 代码的功能是向文件写入一个列表，并输出结果

    D. 执行代码时，从键盘输入"data.txt"，则会创建 data.txt 文件

12. Python 中文件读取方法 read(n)的作用是（　　）。

    A. 读取文件全部数据

    B. 从文件中读取一行数据

    C. 从文件中读取 *n* 行数据

    D. 从文件指针位置开始，读取 *n* 个字符（文本文件）或字节（二进制文件）的数据

13. 下列选项中不能向文件写入数据的是（　　）。

    A. print()　　　　B. write()　　　　C. writelines()　　D. seek()

14. 下列选项中，可用于获取当前工作目录的是（　　）。

    A. os.chdir()　　B. os.mkdir()　　　C. os.getcwd()　　D. os.listdir()

15. 关于 CSV 文件的说法错误的是（　　）。

    A. CSV 文件的每一行是一组一维数据

    B. CSV 文件中的数据可使用自定义符号分隔

    C. 整个 CSV 文件是一组二维数据

    D. CSV 是一种通用的文件格式，可用于程序之间转移多种格式的表格数据

16. 下列关于 CSV 文件的说法不正确的是（　　）。

    A. CSV 文件中的数据必须使用逗号分隔

    B. CSV 文件是一个文本文件

    C. 可使用 open()函数打开 CSV 文件

    D. CSV 文件的一行是一维数据，多行组成二维数据

17. 下面的程序运行后，文件 data.csv 中的内容是（　　）。

```
f=open("data.csv",'w')
a=[[1,2,3],[4,5,6],[7,8,9]]
for x in a:
    for y in [0,1]:
        f.write(str(x[y]))
```

```
        f.write(',')
    f.write(str(x[2]))
    f.write('\n')
f.close()
```

  A. 1,2,3,4,5,6,7,8,9   B. 9,8,7,6,5,4,3,2,1

  C. 1,2,3   D. 9,8,7

   4,5,6   6,5,4

   7,8,9   3,2,1

18. 下列 csv 模块的相关方法中，要求参数必须是列表或字典对象的是（   ）。

  A. writer()   B. writerow()   C. DictWriter() D. writeheader()

19. 下列关于数据组织维度的说法中，错误的是（   ）。

  A. 一维数据采用线性方式组织，可表示数学中的数组和集合

  B. 二维数据采用表格方式组织，可表示数学中的矩阵

  C. 高维数据可用 JSON 字符串表示

  D. Python 的字典类型可用于表示一维和二维数据

20. 关于数据组织维度的说法正确的是（   ）。

  A. 表格中的数据都是二维数据   B. 高维数据由关联的关系数据构成

  C. CSV 格式的数据是一维数据   D. 一维数据通常采用线性方式组织

7.2.2 操作题

1. 下面的程序用于实现：从键盘输入 5 行字符，将其写入文件，输入的每行字符在文件中也占 1 行。请在画线处添加适当的语句，将程序补充完整。

```
f=open('d:/test7-1.txt', _____①_____)
for n in range(1,6):
    c=input('请输入第%s 行字符: '%n)
    _____②_____
f.close()
```

2. 下面的程序用于实现：从键盘输入一个字符串，将其写入文件，然后从该文件中读取该字符串，并将其按相反的顺序输出。请在画线处添加适当的语句，将程序补充完整。

```
f=open('d:/test7-2.txt', _____①_____)
c=input('请输入字符串: ')
f.write(c)
_____②_____
a=f.read()
print(a[::-1])
f.close()
```

3. 下面的程序用于实现：读取文件内容，将其中的小写字母转换为 ASCII 值加 3 的字符，再将其写回原文件。请在画线处添加适当的语句，将程序补充完整。

```
f=open('d:/test7-3.txt','r+')
a=f.read()
```

```
print('原数据: ',a)
_____①_____
n=0
for c in a:
    if 'a'<=c<='z':
        a[n]=chr(ord(c)+3)
    n=n+1
a=''.join(a)
print('转换后: ',a)
f.seek(0)
_____②_____
f.close()
```

4. 文件 test7-4.txt 中保存了若干个用逗号分隔的数字，下面的程序用于实现从该文件中读取数据，并将数据按从小到大的顺序输出。请在画线处添加适当的语句，将程序补充完整。

```
f=open('test7-4.txt')
a=f.read()
_____①_____
print('原数据: ',end='')
for b in a:
    print(b,'',end='')
_____②_____
print('\n排序后: ',end='')
for b in a:
    print(b,'',end='')
f.close()
```

5. 文件 test7-5.txt 保存了如下一组运算表达式。

```
12+23
6*9
24-5
72/6
5-29
43+3
```

编写一个程序从该文件中读取这些表达式，执行计算，并输出计算结果。示例运行结果如下。

```
12 + 23 = 35
 6 * 9  = 54
24 - 5  = 19
72 / 6  = 12.0
 5 - 29 = -24
43 + 3  = 46
```

6. 文件 test7-6.txt 中保存了如下 5 个学生的课程成绩。

```
学号,姓名,语文,数学,外语
2001,陈晓群,99,88,76
2002,刘伟,108,84,84
2003,杨明翰,111,56,120
```

```
2004,王锋,93,52,80
2005,雷蓉生,62,89,74
```

编写一个程序，从该文件中读取成绩，计算总分，并按总分从高到低的顺序输出（各字段对齐）数据。示例运行结果如下。

名次	学号	姓名	语文	数学	外语	总分
1	2003	杨明翰	111	56	120	287
2	2002	刘伟	108	84	84	276
3	2001	陈晓群	99	88	76	263
4	2004	王锋	93	52	80	225
5	2005	雷蓉生	62	89	74	225

7. 稀疏矩阵指矩阵中非 0 元素的个数远远小于矩阵元素的总数，并且非 0 元素的分布没有规律。稀疏矩阵在存储时只保存非 0 元素，每个非 0 元素存储为一个三元组：行，列，值（行列最小值为 1）。文件 test7-7.txt 存储了一个系数矩阵，第一行是矩阵的行列数，其他行为非 0 值，请编写一个程序输出该稀疏矩阵。

文件 test7-7.txt 中的数据如下。

```
5,6
1,3,25
2,1,100
3,4,98
4,2,66
5,5,7
```

示例运行结果如下。

```
0    0    25   0    0    0
100  0    0    0    0    0
0    0    0    98   0    0
0    66   0    0    0    0
0    0    0    0    7    0
```

8. 使用文件 test7-6.txt 中的数据，完成下列任务。

（1）计算每个学生的课程平均成绩，将学号、姓名和平均成绩以列表形式写入文件 test7-8.txt。

（2）读取文件 test7-8.txt 中的列表，将数据按平均成绩名次输出。

示例运行结果如下。

```
数据已存入文件: test7-8.txt
```

名次	学号	姓名	平均成绩
1	2003	杨明翰	95.7
2	2002	刘伟	92.0
3	2001	陈晓群	87.7
4	2004	王锋	75.0
5	2005	雷蓉生	75.0

9. 文件 test7-9.txt 中保存了若干个数，从该文件中读出这些数据，使用冒泡排序法完成排序，并输出排序后的数据。示例运行结果如下。

```
文件中的数据: 28,51,66,42,60,23,53,16,14,31,92,59,45
排序后: 14 16 23 28 31 42 45 51 53 59 60 66 92
```

10. 文件 test7-10-1.csv 以 CSV 文件格式存储了若干商品销售数据，字段名依次为编号、商品名称、单价、数量，每种商品有多条记录。编写一个程序，汇总每种商品的销售总量和总金额，按编号排序后，写入 CSV 文件 test7-10-2.csv，写入字段名依次为编号、商品名称、销售总量、总金额。

单元 8
Python 标准库

学习目的：

掌握 Python 标准库的使用方法。

相关知识点：

使用 turtle 库绘制图形，使用 random 库处理随机数，使用 time 库处理时间。

8.1 实验指导

8.1.1 实验1：使用 turtle 库绘制图形

1. 实验目的
掌握使用 turtle 库绘制图形的基本方法。

2. 实验环境
Windows 10 操作系统、Python 3.12。

实验 8-1 使用 turtle 库绘制 图形

3. 实验内容
绘制 4 个相切的圆和坐标轴，圆半径为 100，填充颜色为：黄色、绿色、红色和蓝色。

4. 实验过程
请自行编写程序。示例运行结果如图 8-1 所示。

提示：可以先计算出圆心坐标，并将其存放到列表，循环绘制出图形。

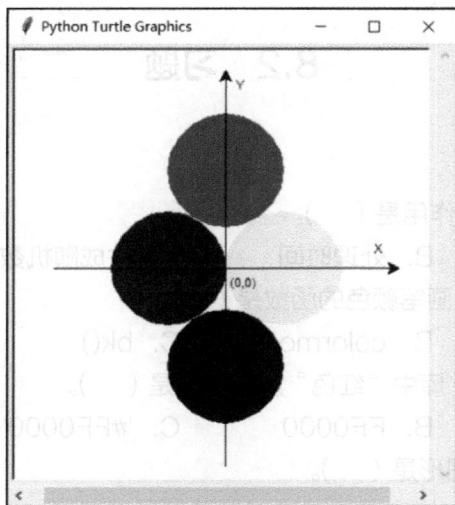

图 8-1 绘制的图形

8.1.2 实验 2：使用 random 库处理随机数

1. 实验目的

掌握 random 库的基本使用方法。

2. 实验环境

Windows 10 操作系统、Python 3.12。

3. 实验内容

编写一个程序，随机生成 10 个两位的正整数，并将其按从小到大的顺序输出。

4. 实验过程

请自行编写程序，示例运行结果如下。

```
13 15 30 46 56 58 69 73 74 98
```

8.1.3 实验 3：使用 time 库处理时间

1. 实验目的

掌握 time 库的基本使用方法。

2. 实验环境

Windows 10 操作系统、Python 3.12。

3. 实验内容

编写一个程序，在命令行显示实时日期时间，程序运行时间 1 分钟，时间可实时更新。

4. 实验过程

请自行编写程序，示例运行结果如下。

```
D:\>python 实验 8-3.py
2020-03-11 21:04:20
```

提示："\r" 可将光标返回到一行的开始位置，从而使新的输出覆盖已输出的内容。

8.2 习题

8.2.1 选择题

1. turtle 库中的函数的作用是（　　）。
   A. 绘制图形　　　　B. 处理时间　　　　C. 生成随机数　　　D. 爬取网页
2. turtle 库中用于修改画笔颜色的函数是（　　）。
   A. seth()　　　　B. colormode()　　　C. bk()　　　　D. pencolor()
3. 不能用于表示 turtle 库中"红色"颜色值的是（　　）。
   A. (255, 0, 0)　　B. FF0000　　　C. '#FF0000'　　D. "red"
4. 下面的代码绘制的图形是（　　）。

```
import turtle
for i in range(10,60,20):
    turtle.circle(i)
```

   A. 内切圆　　　　B. 同心圆　　　　C. 内切圆弧　　　D. 同心圆弧
5. 下面的代码绘制的图形是（　　）。

```
from  turtle import *
for i in range(1,5):
    fd(60)
    left(90)
```

   A. 边长为 90 的等边三角形　　　　B. 边长为 60 的等边三角形
   C. 边长为 90 的正方形　　　　　　D. 边长为 60 的正方形
6. 用于绘制弧形的函数是（　　）。
   A. turtle.forward()　B. turtle.goto()　C. turtle.circle()　D. turtle.right()
7. 可实现定时执行某个函数的方法是（　　）。
   A. time.sleep()　　　　　　　B. turtle.ontimer()
   C. turtle.listen()　　　　　　D. time.perf_counter()
8. 关于 random 库，下列选项中错误的是（　　）。
   A. 设定随机数种子后，每次运行程序生成的随机数相同
   B. 可使用 from random import *引入 random 库
   C. 可使用 import random 引入 random 库
   D. 生成随机数不需要指定随机数种子
9. 下列选项中错误的是（　　）。
   A. 随机数种子可使用字符串
   B. 设定随机数种子后，每次运行程序得到的随机数序列相同
   C. 没有指定随机数种子时，Python 随机选择一个整数作为随机数种子
   D. random.seed()可将系统时间作为随机数种子

10. 下面代码的输出结果不可能是（　　）。

```
import random
x=random.random()
print(round(x,2))
```

    A. 0.72　　　　　B. 0.15　　　　　C. 0.28　　　　　D. 1.00

11. 下面的代码运行后，可能输出的结果是（　　）。

```
from random import *
print(sample('123456',2))
```

    A. '16'　　　　　B. ['5', '2']　　　　C. [2, 6]　　　　D. [1, 2, 3]

12. 关于下面代码的描述错误的是（　　）。

```
import time
print(time.time())
```

    A. time 库是 Python 的标准库　　　　B. 输出当前日期时间
    C. 输出一个小数　　　　　　　　　　D. import time 语句不能省略

13. 设当前时间是 2020 年 1 月 14 日 15 点 21 分 8 秒，则下面代码的输出结果是（　　）。

```
import time
print(time.strftime("%y-%m-%d,%H:%M:%S", time.gmtime()))
```

    A. 2020-01-14,15:21:08　　　　B. 20-1-14,15:21:8
    C. 20-01-14,15:21:08　　　　　D. 2020-1-14,15:21:8

14. 下面代码的输出结果是（　　）。

```
from time import *
print(strftime("%Y-%m-%d %H:%M:%S"))
```

    A. 当前的日期　　　　　　　　B. 当前的时间
    C. 当前日期和时间　　　　　　D. 运行出错

15. 使用 Tkinter 库中的 Checkbutton 组件关联变量时，最恰当的类型是（　　）。
    A. BooleanVar　　B. IntVar　　　C. DoubleVar　　D. StringVar

16. 用于显示错误提示信息对话框的方法是（　　）。
    A. showinfo()　　　　　　　　B. showwarning()
    C. showerror()　　　　　　　　D. askquestion()

17. 关于 tkinter.colorchooser 模块的 askcolor()函数的说法错误的是（　　）。
    A. 显示系统的标准颜色对话框　　　B. 函数返回值为颜色值
    C. 可返回三元组格式的 RGB 颜色值　　D. 可返回十六进制格式的颜色值字符串

18. 下列选项中可用于绘图的库是（　　）。
    A. wordcloud　　B. time　　　C. Tkinter　　　D. turtle

19. 关于 time 库的说法错误的是（　　）。
    A. time 库提供获取系统时间和格式化输出的功能

B. time 库是 Python 中处理时间的标准库

C. time.perf_counter_ns()返回一个小数

D. time.sleep(n)的作用是让当前线程休眠 n 秒

20. 下列选项中可用于设计图形用户界面的库是（   ）。

A. jieba　　　　　　B. time　　　　　　C. Tkinter　　　　　　D. turtle

8.2.2　操作题

1. 下面的程序用于绘制一个边长为 100 的等边三角形，线条颜色为红色，填充颜色为蓝色。请在画线处添加适当的语句，将程序补充完整。

```
_____①_____
color("red", "blue")
begin_fill()
for n in range(3):
  fd(100)
  lt(120)
_____②_____
```

2. 下面的程序用于以坐标原点为起点，绘制一个边长为 200 的正方形，并在正方形中绘制一个内切圆。请在画线处添加适当的语句，将程序补充完整。

```
from turtle import *
write('(0,0)')
for n in range(4):
  _____①_____
  lt(90)
_____②_____
circle(100)
```

3. 下面的程序用于将自定义三角形设置为画笔形状。请在画线处添加适当的语句，将程序补充完整。

```
from turtle import *
_____①_____
goto(-10,0)
goto(0,30)
goto(10,0)
end_poly()
p=get_poly()
_____②_____
shape('mp')
```

4. 下面的程序用于生成 10 个两位正整数的算术四则运算。请在画线处添加适当的语句，将程序补充完整。

```
_____①_____
cf='+-*/'
for n in range(10):
```

```
a=randint(10,99)
b=randint(10,99)
c=_____②_____
print(a,c,b)
```

5. 编写程序绘制如图 8-2 所示的圆角矩形，其长为 200，宽为 100，圆角的半径为 10，线条宽度为 2。

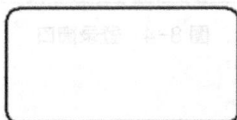

图 8-2　圆角矩形

6. 编写程序验证哥德巴赫猜想：任意充分大的偶数，可以表示为两个素数的和（编写一个程序，随机生成 10 个[10,1000]范围内的偶数，输出其对应的素数和表达式）。示例运行结果如下。

```
714 =    5 + 709
896 =   13 + 883
742 =    3 + 739
......
```

7. 随机生成 20 个两位正整数的四则运算表达式，要求减法运算的结果不小于 0，除法运算的结果为整数。示例运行结果如下。

```
78 - 24
21 / 3
38 + 14
10 + 56
56 * 91
......
```

8. 编写一个程序，使用 time.strftime()函数将当前日期时间格式化输出。示例运行结果如下。

```
2024 年 03 月 13 日 08:25:34PM
```

9. 编写一个 GUI 程序，在窗口中显示当前日期时间，可实时更新日期时间，如图 8-3 所示。提示：可在内部函数中通过窗口或组件等对象调用定时函数 after(t,fun)，它在 t 毫秒后执行 fun 函数。

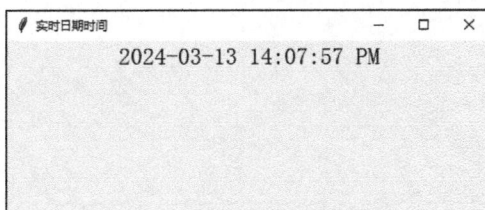

图 8-3　实时显示日期时间

10. 设计图 8-4 所示的登录窗口，单击"确定"按钮时显示输入的信息。

图 8-4　登录窗口

单元 9
第三方库

学习目的：
掌握第三方库的安装和使用方法。

相关知识点：
PyInstaller 库的安装和使用，jieba 库的安装和使用，NumPy 库的安装和使用。

9.1 实验指导

9.1.1 实验 1：安装和使用 PyInstaller 库

1. 实验目的

（1）掌握 PyInstaller 库的在线安装方法。

（2）掌握 PyInstaller 库的基本使用方法。

2. 实验环境

Windows 10 操作系统、Python 3.12。

3. 实验内容

（1）在线安装 PyInstaller 库。

在系统命令提示符窗口中执行 pip install pyinstaller 命令安装 PyInstaller 库。

（2）打包 Python 程序。

使用 PyInstaller 库将单元 8 实验 3 实现的程序打包为文件夹和 EXE 文件。

4. 实验过程

请自行参考主教材完成实验。

实验 9-1 安装和使用 PyInstaller 库

9.1.2 实验 2：安装和使用 jieba 库

1. 实验目的

（1）掌握 jieba 库的安装方法。

（2）掌握 jieba 库的基本使用方法。

2. 实验环境

Windows 10 操作系统、Python 3.12。

3. 实验内容

（1）安装 jieba 库。

（2）分别使用 cut()、lcut()、cut_for_search() 和 lcut_for_search() 等函数对"勤洗手、戴口罩有助于预防流感病毒"进行分词。

（3）对"勤洗手、戴口罩有助于预防流感病毒"进行分词，将"流感病毒"定义为词语。

（4）对"勤洗手、戴口罩有助于预防流感病毒"进行分词，输出词语和词性。

（5）对"勤洗手、戴口罩有助于预防流感病毒"进行分词，输出词语以及词语在句子中的位置。

（6）从网络下载一篇关于流感病毒的报道，提取其中的关键词。

4. 实验过程

请自行编写程序实现相应功能。

实验 9-2　安装和使用 jieba 库

9.1.3 实验 3：安装和使用 NumPy 库

1. 实验目的

掌握 NumPy 库的安装和基本使用方法。

2. 实验环境

Windows 10 操作系统、Python 3.12。

3. 实验内容

（1）安装 NumPy 库。

（2）选择一幅图像，将其中的指定区域颜色设置为黑色。

4. 实验过程

请自行编写程序实现相应功能。

实验 9-3　安装和使用 NumPy 库

9.2 习题

9.2.1 选择题

1. 可用于查看 Python 的版本的命令是（　　）。
   A. pip install python
   B. pip --version
   C. python -h
   D. python --version
2. 不属于 Python 第三方文本处理库的是（　　）。

　　　A. PDFminer　　　B. Openpyxl　　　C. Django　　　D. Python-docx
3.　不属于 Python 第三方数据分析库的是（　　）。
　　　A. NumPy　　　　　B. SciPy　　　　　C. Pandas　　　D. Requests
4.　不属于 Python 第三方数据可视化处理库的是（　　）。
　　　A. Matplotlib　　　B. Mayavi　　　　C. MXNet　　　D. Seaborn
5.　不属于 Python 第三方网络爬虫库的是（　　）。
　　　A. Requests　　　　B. Scrapy　　　　C. PyQt5　　　D. Pyspider
6.　不属于 Python 第三方图形用户界面库的是（　　）。
　　　A. PyQt　　　　　　B. wxPython　　　C. PyGObject　D. turtle
7.　不属于 Python 第三方机器学习库的是（　　）。
　　　A. Scikit-learn　　 B. MXNet　　　　C. TensorFlow　D. random
8.　不属于 Python 第三方 Web 开发库的是（　　）。
　　　A. Django　　　　　B. Flask　　　　　C. Pandas　　　D. Web2py
9.　可将 Python 源代码转换为可执行文件的第三方库是（　　）。
　　　A. Python-docx　B. Pyspider　　　C. wxPython　　D. PyInstaller
10.　下列选项中不属于 PyInstaller 需要的第三方库的是（　　）。
　　　A. future　　　　　B. pefile　　　　　C. altgraph　　D. Python-docx
11.　可将 Python 源文件 test.py 打包为一个可执行文件的是（　　）。
　　　A. pyinstaller -F test.py　　　　　B. pyinstaller test.py
　　　C. pyinstaller -D test.py　　　　　D. pyinstaller --onedir test.py
12.　下列选项中可实现中文分词的库是（　　）。
　　　A. jieba　　　　　　B. time　　　　　C. Tkinter　　　D. turtle
13.　关于 jieba 库的说法错误的是（　　）。
　　　A. jieba 库是 Python 的标准函数库
　　　B. jieba.lcut(s)函数采用精确模式分词，返回列表对象
　　　C. jieba.add_word(s)函数向词典里增加新词 s
　　　D. jieba.cut(s)函数采用精确模式分词，返回一个可迭代对象
14.　下列关于 jieba 库的说法错误的是（　　）。
　　　A. 支持自然文本分词
　　　B. 通过与自带词库中的词语进行比对实现分词
　　　C. 允许使用自定义词语
　　　D. 提供精确模式、模糊模式、全模式和搜索引擎模式
15.　关于下面代码的功能的说法正确的是（　　）。

```
import jieba
f=open('d:/data.txt',encoding='utf-8')
s=f.read()
f.close()
ws=jieba.lcut(s)
```

```
ns={}
for w in ws:
    ns[w] = ns.get(w,0)+1
ks = list(ns.items())
ks.sort(key=lambda x:x[1],reverse = True)
for k,v in ks:
    print('%s\t%s'%(k,v))
```

    A. 统计文件 data.txt 中词语的出现次数，并输出词语及其出现次数

    B. 统计文件 data.txt 中字母的出现次数，并输出字母及其出现次数

    C. 统计文件 data.txt 中词语的出现次数，按出现次数从多到少排序，最后输出词语及其出现次数

    D. 统计文件 data.txt 中词语的出现次数，按出现次数从少到多排序，最后输出词语及其出现次数

16. 关于 jieba 库的分词模式的说法错误的是（   ）。

    A. 精确模式可将句子精确地按顺序切分为词语

    B. 全模式能将句子中所有可以成词的词语都切分出来

    C. 搜索引擎模式可在精确模式的基础上对长词再次切分

    D. 进行文本分析时应选择全模式分词

17. 可在分词的同时返回词语位置的函数是（   ）。

    A. jieba.cut()   B. jieba.lcut()

    C. jieba.tokenize()   D. jieba.posseg.cut()

18. jieba.posseg.lcut()返回（   ）。

    A. 列表对象   B. pair 对象

    C. 迭代对象   D. 字典对象

19. 下列关于 wordcloud 库的说法错误的是（   ）。

    A. 可直接使用英文文本生成词云   B. 可直接使用中文文本生成词云

    C. 可设置词云中词语的数量   D. 可将词云存为图像文件

20. 下列选项中错误的是（   ）。

    A. 可限制词云中词语的数量   B. 可指定词语使用的字体文件

    C. 可设置词语的最大和最小字号   D. 词云包含了文本的全部词语

9.2.2 操作题

1. 使用 jieba.cut()函数对"程序员论坛推出一项活动促进 Python 语言的推广"进行分词，要求分别采用精确模式和全模式，输出结果。

2. 用 jieba.lcut()函数对"程序员论坛推出一项活动促进 Python 语言的推广"进行分词，要求分别采用精确模式和全模式，输出结果。

3. 对"程序员论坛推出一项活动促进 Python 语言的推广"进行分词，要求将"程序员论坛"和"Python 语言"定义为词语，输出结果。

4. 使用 jieba.cut_for_search() 函数对"程序员论坛推出一项活动以促进 Python 语言的推广"进行分词，将"程序员论坛"和"Python 语言"定义为词语，输出结果。

5. 对"早餐吃了意大利通心粉"进行分词，输出词语及其词性。

6. 对"早餐吃了意大利通心粉"进行分词，输出词语及其位置。

7. 自选一篇有关区块链的资讯，提取文章中排名前 5 的关键词，将"区块链"定义为词语。示例运行结果如下。

区块链 信息 协作 存证 节点

8. 分析小说《三国演义》，使用 jieba 库的关键词提取功能，输出出现次数排名前 10 的人物姓名。

9. 选择一幅人物图像，用黑色矩形框遮挡人物眼部。

10. 创建一幅彩色图像，图像的上、中、下 3 个部分依次为蓝色、绿色和红色，程序每隔 1 秒钟轮换 3 个部分的颜色。

单元 10
面向对象

学习目的: 　理解和掌握 Python 中类的定义和使用方法，掌握对象的创建和使用方法。

相关知识点: 　普通类的定义和使用方法，对象的创建和使用方法，使用模块中的类，类的继承。

10.1 实验指导

10.1.1 实验1：用类处理成绩数据

1. 实验目的
掌握类的定义和使用方法。

2. 实验环境
Windows 10 操作系统、Python 3.12。

3. 实验内容
在文件 data10-1.txt 中保存了多个学生的成绩数据，如下所示。

```
学号,姓名,成绩
191007,吴姣,78
191004,张思思,89
201021,蔡鸿羽,75
......
```

实验 10-1　用类处理成绩数据

编写一个程序，定义一个类 student 表示学生，用于从文件中读出数据，用类的实例对象表示每个学生的成绩数据，按成绩从高到低对数据排序，输出结果。

要求：实例对象的 xh、xm 和 cj 字段分别用于保存学号、姓名和成绩，为类定义初始化函数，用文件中的数据初始化对象。

4. 实验过程

请自行编写程序，示例运行结果如下。

学号	姓名	成绩
202022	甘雨婷	97
191004	张思思	89
202012	杜建辉	82
……		

10.1.2　实验 2：类的继承

1. 实验目的

掌握从模块文件导入类以及继承的基本使用方法。

2. 实验环境

Windows 10 操作系统、Python 3.12。

实验 10-2　类的继承

3. 实验内容

从实验 1 的程序中导入 student 类，创建其子类 substu。为 substu 定义一个方法 getCName() 返回学生的班级名称。学号的前 2 位数字表示年份，第 3 位数字表示班级序号。例如，学号 202022 的对应班级为"2020 级 2 班"。从文件 data10-1.txt 中读取数据，按班级名称排序（班级相同时，按成绩从高到低排序）输出。

4. 实验过程

请自行编写程序，示例运行结果如下。

学号	姓名	成绩		
202022	甘雨婷	97		
191004	张思思	89		
……				
班级	学号	姓名	成绩	
2019 级 1 班	191004	张思思	89	
2019 级 1 班	191007	吴姣	78	
2020 级 1 班	201021	蔡鸿羽	75	
……				

提示：从实验 1 的程序中导入 student 类时，会运行程序，所以输出包含了实验 1 中的输出结果。

10.2　习题

10.2.1　选择题

1. 下列说法中错误的是（　　）。

    A. 对象是类的实例　　　　　　　　　　　　B. 属性用于存储对象的数据

C. 方法用于完成对象的某种操作　　　　D. 重载指在子类中定义与父类同名的属性

2. 下列说法中错误的是（　　）。

    A. 类名是一个变量

    B. 类对象只存在一个

    C. 类对象与实例对象相同

    D. 通过类对象和实例对象调用类方法存在区别

3. Python 用于定义类的关键字是（　　）。

    A. def　　　　　　　　B. Def　　　　　　　　C. class　　　　　　　　D. Class

4. 下面代码的输出结果是（　　）。

```python
class test:
    x=0
a=test()
test.x=10
print(a.x)
```

    A. 0　　　　　　　　　B. 10　　　　　　　　　C. None　　　　　　　　D. NULL

5. 下面代码的输出结果是（　　）。

```python
class test:
    x=0
a=test()
a.x=10
print(test.x)
```

    A. 0　　　　　　　　　B. 10　　　　　　　　　C. None　　　　　　　　D. NULL

6. 实例对象用于引用自身的变量是（　　）。

    A. me　　　　　　　　B. self　　　　　　　　C. 第一个参数　　　　D. this

7. 类的初始化方法的作用是（　　）。

    A. 一般成员方法　　　　　　　　　　B. 类对象的初始化

    C. 实例对象的初始化　　　　　　　　D. 创建实例对象

8. Python 类的初始化方法的名称为（　　）。

    A. 类的名称　　　　　　B. _construct　　　　C. __init__　　　　D. init

9. 下列说法中错误的是（　　）。

    A. 子类拥有父类的所有方法　　　　　B. 子类拥有父类的所有属性

    C. 子类可定义与父类同名的方法　　　D. 子类与父类通过同名的属性来共享数据

10. 在子类中用于引用父类的类对象的变量名是（　　）。

    A. parent　　　　　　B. 父类名　　　　　　C. self　　　　　　　D. this

11. 下列关于 Python 类的属性的说法错误的是（　　）。

    A. 可在定义时用赋值语句创建属性　　B. 不能为类对象的不存在的属性赋值

    C. 类的属性可由所有实例对象共享　　D. 可在执行实例对象初始化时创建类的属性

12. 下列关于 Python 类的方法的说法错误的是（　　）。

A. 类的方法由类对象和所有实例对象共享

B. 类的普通方法可以没有参数

C. 类对象和实例对象调用方法的方式有所不同

D. 可以动态为类添加方法

13. 下面的类定义的 mul() 方法用于计算两个数的乘积。

```
class test:
    def _____:
        return a*b
x=test()
print(x.mul(2,3))
```

下列选项中，可填入画线处将程序补充完整的是（　　）。

A. mul(a,b)　　　　B. mul(c,a,b)　　　　C. mul(a,b,c)　　　　D. mul(a,b,self)

14. 创建实例对象时，先调用的方法是（　　）。

A. __init__()　　　　B. __new__()　　　　C. __setattr__() D. __format__()

15. 可用于返回类的文档字符串的属性是（　　）。

A. __dict__　　　　B. __bases__　　　　C. __doc__　　　　D. __class__

16. 有如下代码。

```
class test:
    __x=1
a=test()
```

执行上述代码后，再执行下列选项中的语句，会出错的是（　　）。

A. a.__x=100　　　　　　　　　　B. test.__x=100

C. print(test.__x)　　　　　　　D. print(test._test__x)

17. 下面代码的输出结果是（　　）。

```
class test:
    __data=0
a=test()
a.__data=10
a._test__data=20
test.__data=30
print(test._test__data)
```

A. 0　　　　　　　B. 10　　　　　　　C. 20　　　　　　　D. 30

18. 下列关于 Python 类的静态方法的说法错误的是（　　）。

A. 静态方法必须用 @staticmethod 进行声明

B. 类对象和实例对象调用静态方法的方式完全相同

C. 静态方法可以没有参数

D. 静态方法必须提供返回值

19. 下面代码的输出结果是（　　）。

```
class t1:
    a=0
class t2(t1):
    pass
t1.a=10
x=t1()
x.a=20
y=t2()
print(y.a)
```

    A. 0   B. 10   C. 20   D. 程序运行出错

20. 下面代码的输出结果是（   ）。

```
class t1:
    a=1
class t2:
    a=2
class t3(t1,t2):
    pass
t1.a=3
t2.a=4
x=t3()
print(x.a)
```

    A. 1   B. 2   C. 3   D. 4

10.2.2　操作题

1. 下面的程序运行后输出对象的 data 属性值，输出结果为“100”。请在画线处添加适当的语句，将程序补充完整。

```
class test:
    def show(self):
        print(_____①_____)
x=test()
_____②_____
x.show()
```

2. 下面的程序运行后的输出结果为“100 20 20”。请在画线处添加适当的语句，将程序补充完整。

```
class test:
    data=0
x=test()
_____①_____
x.data=100
_____②_____
print(x.data,y.data,test.data)
```

3. 下面的程序运行后输出对象的两个属性值，输出结果为“10 20”。请在画线处添加适当的语句，将程序补充完整。

```
class test:
    _____①_____
    __data2=20
x=test()
print(x.data1, _____②_____)
```

4. 下面的程序运行后输出对象的两个属性值，输出结果为"None 0"。请在画线处添加适当的语句，将程序补充完整。

```
class test:
    _____①_____:
        self.name="None"
        self.age=0
    _____②_____
print(x.name,x.age)
```

5. 下面的程序用于计算两个数的乘积。请在画线处添加适当的语句，将程序补充完整。

```
class test:
    _____①_____
    def _____②_____:
        return a*b
x=test()
print(x.mul(2,3),test.mul(4,5))
```

6. 定义一个 numeric 类，它可用两个数字类初始化实例对象，数字只接受整数或浮点数，为类定义一个方法 add()输出两个数的和。示例运行结果如下。

```
12 + 2.3 = 14.3
```

参数类型错误时的示例运行结果如下。

```
Traceback (most recent call last):
  File "D:/test10-6.py", line 11, in <module>
    x=numeric(12,'2.3')
  File "D:/test10-6.py", line 5, in __init__
    raise TypeError("参数类型错误：请提供整数或浮点数作为参数！")
TypeError: 参数类型错误：请提供整数或浮点数作为参数！
```

提示：用 raise 关键字抛出异常 TypeError 异常。

7. 定义一个类表示三角形，实例对象的属性 a 和 b 分别表示两条边长，属性 c 表示两条边的夹角；用 area()方法输出三角形的面积。示例运行结果如下。

```
边长：3，4  夹角：90度  面积：6.00
```

8. 定义一个类，可用一个整数列表来初始化实例对象，定义两个方法 getMax()和 getMin()分别返回最大值和最小值。示例运行结果如下。

```
请输入多个整数：12,5,23,6,56,9
最大值：56
最小值：5
```

9. 定义一个类，并定义一个属性记录该类的实例对象个数，定义一个方法 getCount()返回实例对象个数，可通过类对象和实例对象调用该方法。示例运行结果如下。

```
通过类对象返回的实例对象个数：  9
通过实例对象返回的实例对象个数：  9
```

10. 定义一个密码类 cipher 及其子类 sub_cipher，具体要求如下。

（1）cipher 类的实例对象用 length 保存密码长度设置，默认为 5；用 chars 属性保存用于生成密码的字符集，默认为所有小写字母；方法 getCipher()根据密码长度和密码字符集随机生成一个密码。

（2）子类 sub_cipher 的方法 setLength()可设置密码长度，setChars()可设置密码字符集。

（3）程序独立运行时，示例运行结果如下。

```
模块独立运行的自测试输出：
cipher 实例对象使用默认设置生成的密码：  azued
sub_cipher 实例对象使用默认设置生成的密码：  updww
sub_cipher 实例对象使用自定义设置生成的密码：  95@5*3%8
```

（4）在 IDLE 交互环境中，使用 cipher 类和 sub_cipher 类的实例对象按默认设置分别生成一个密码。使用 sub_cipher 类的实例对象自定义密码长度和密码字符集，并生成一个密码。示例运行结果如下。

```
>>> from test10_10 import *
>>> x=cipher()
>>> x.getCipher()
'azpfm'
>>> y=sub_cipher()
>>> y.getCipher()
'okdys'
>>> y.setLength(8)
>>> y.setChars('0123456789abcdefghijk')
>>> y.getCipher()
'k27di42d'
```

单元 11

综合实验：成绩管理系统

学习目的：

掌握综合运用 Python 设计 GUI 应用程序的方法。

相关知识点：

CSV 文件读写、文本文件读写以及 Tkinter 库的使用。

11.1 实验目标

11.1.1 目标分析

综合应用 Python 相关知识，实现成绩管理系统。

成绩管理系统的主要功能如下。

（1）使用 CSV 文件存储成绩数据。

初始成绩数据文件保存了学号、姓名、平时成绩、期中成绩和期末成绩。其基本格式如下。

```
学号,姓名,平时成绩,期中成绩,期末成绩
19001,王瑶,94,78,89
19002,李永懿,87,79,66
19003,陈珊,92,84,76
……
```

处理后成绩数据添加了总成绩字段。文件基本格式如下。

```
学号,姓名,平时成绩,期中成绩,期末成绩,总成绩
19001,王瑶,94,78,89,87
19002,李永懿,87,79,66,71
```

```
19003,陈珊,92,84,76,79
......
```

（2）可修改现有成绩数据，并可根据平时成绩、期中成绩和期末成绩的比例计算总成绩。

11.1.2　目标预览

1. 系统主窗口

成绩管理系统主窗口如图 11-1 所示。

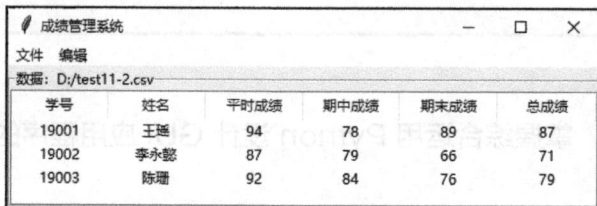

图 11-1　系统主窗口

系统主窗口主要包含"文件"菜单、"编辑"菜单和数据显示表格。

2. "文件"菜单

"文件"菜单如图 11-2 所示。

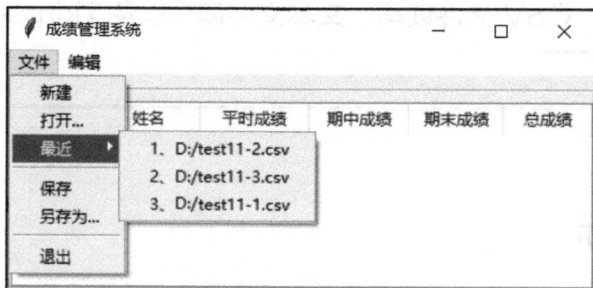

图 11-2　"文件"菜单

"文件"菜单中的命令作用如下。

- "新建"命令。如果当前有正在处理的成绩数据，则提示保存，然后清除数据显示表格中显示的数据。
- "打开"命令。打开对话框，在其中选择要处理的成绩数据文件，将数据加载到数据显示表格。
- "最近"命令。可以打开"最近"菜单，"最近"菜单中显示了最近访问过的文件名，选择文件名可打开相应的文件。
- "保存"命令。将正在处理的成绩数据保存到当前文件。
- "另存为"命令。将正在处理的成绩数据保存到指定的新文件中。
- "退出"命令。关闭成绩管理系统。

3. "编辑"菜单

"编辑"菜单如图 11-3 所示。

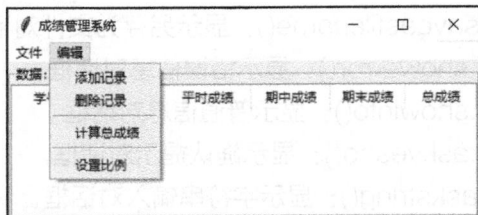

图 11-3 "编辑"菜单

"编辑"菜单中的命令作用如下。

- "添加记录"命令。在数据显示表格中添加一条新记录。
- "删除记录"命令。删除数据显示表格中当前选中的记录。
- "计算总成绩"命令。根据成绩比例计算总成绩，计算结果显示在"总成绩"列中。
- "设置比例"命令。设置平时成绩、期中成绩和期末成绩在总成绩中所占的比例。

11.2 主要知识点及实验环境

11.2.1 主要知识点

实现成绩管理系统主要的 Python 知识点如下。

1. CSV 文件读写

CSV 文件以文本文件格式存储数据，其第一行为字段名，其余行为数据记录。字段名和数据记录均以逗号或其他分隔符进行分隔。

本单元中，使用 readlines() 方法读取 CSV 文件数据到列表，然后将其添加到数据显示表格。保存文件时，使用 print() 函数将以逗号连接成字符串的数据记录写入文件。在读取和写入文件时，应注意处理行尾的行号符号，每条数据记录在文件中占一行。

2. 文本文件读写

成绩管理系统的最近访问文件列表用文本文件来保存，文件中每行为一个文件名，示例如下。

```
D:/test11-2.csv
D:/test11-3.csv
D:/test11-1.csv
```

排在越前面的文件，其访问时间越近。

3. Tkinter 库

成绩管理系统的读取通过 Tkinter 库来实现，请熟悉以下类或方法。

- tkinter.Tk()：创建成绩管理系统主窗口。
- tkinter.LabelFrame：创建框架，包含数据显示表格和滚动条，在框架的标题栏中显示当前成绩数据文件的文件名。
- tkinter.ttk.Treeview：创建数据显示表格。
- tkinter.Scrollbar：创建滚动条。
- tkinter.Menu：创建菜单。
- tkinter.filedialog.askopenfilename()：显示打开文件对话框。

- tkinter.filedialog.asksaveasfilename()：显示另存为文件对话框。
- tkinter.messagebox.showerror()：显示错误信息对话框。
- tkinter.messagebox.showinfo()：显示普通信息对话框。
- tkinter.messagebox.askyesno()：显示确认提示对话框。
- tkinter.simpledialog.askstring()：显示字符串输入对话框。

11.2.2 实验环境

Windows 10 操作系统、Python 3.12。

11.3 实验过程

11.3.1 实现系统主窗口

综合实验 11-1
实现系统主窗口

实现系统读取的代码如下。

```
#从 tkinter 模块导入类
from tkinter import *
from tkinter import ttk
from tkinter.filedialog import *
from tkinter.messagebox import *
'''
初始化全局变量：thisFileName
thisFileName 保存当前操作的文件的文件名。根据 thisFileName 是否为空判断当前是否正在处理成绩数据，从而执行相
应的保存操作
'''
thisFileName=''
'''
初始化全局变量：scaleOption
scaleOption 用于保存平时成绩、期中成绩、期末成绩在总成绩中的比例
在设置比例时，将设置保存在 scaleOption 中
在计算总成绩时，访问 scaleOption，根据比例计算
'''
scaleOption=[0.1,0.2,0.7]
root=Tk()                                                    #创建主窗口
root.title('成绩管理系统')                                    #设置主窗口的标题
style = ttk.Style()
style.configure("Treeview.Heading", foreground='#0000FF')    #设置数据显示表格标题栏文字颜色
#用 LabelFrame 包含 Treeview 和 Scrollbar，用 Treeview 创建数据显示表格
fmain=LabelFrame(text='数据：')
fmain.pack(anchor=W,expand=YES,fill=BOTH)
columns = ('学号','姓名','平时成绩','期中成绩','期末成绩','总成绩')
treeview = ttk.Treeview(fmain,show="headings", columns=columns)   #创建数据显示表格
for c in columns:
    treeview.column(c,width=100,  anchor='center')           #定义列
    treeview.heading(c, text=c)                              #定义列标题
treeview.pack(side=LEFT,expand=YES,fill=BOTH)
sc=Scrollbar(fmain,orient=VERTICAL)                          #创建滚动条
```

```
sc.pack(side=RIGHT,fill=Y)
sc.config(command=treeview.yview)                #将滚动条关联到数据显示表格
treeview.config(yscrollcommand=sc.set)           #为数据显示表格绑定滚动条
root.mainloop()
```

运行程序，显示的系统主窗口如图 11-4 所示。

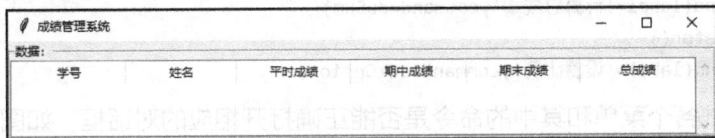

图 11-4　系统主窗口

调整窗口的大小，观察数据显示表格和滚动条是否能根据窗口大小自动调整。

11.3.2　定义系统菜单

系统菜单实现代码如下。

```
def updateRecent():
    showinfo('','更新最近访问的文件菜单')          #未实现功能前用对话框提示
def newFile():
    showinfo('','"文件\新建"命令')                 #未实现功能前用对话框提示
def openFile():
    showinfo('','"文件\打开"命令')                 #未实现功能前用对话框提示
def saveRecords():
    showinfo('','"文件\保存"命令')                 #未实现功能前用对话框提示
def saveAsNew():
    showinfo('','"文件\另存为"命令')               #未实现功能前用对话框提示
def newRecord():
    showinfo('','"编辑\添加记录"命令')             #未实现功能前用对话框提示
def delRecord():
    showinfo('','"编辑\删除记录"命令')             #未实现功能前用对话框提示
def doSum():
    showinfo('','"编辑\计算总成绩"命令')           #未实现功能前用对话框提示
def setOption():
    showinfo('','"编辑\设置比例"命令')             #未实现功能前用对话框提示

menuroot=Menu(root)                              #创建菜单
root.config(menu=menuroot)                       #将菜单添加到主窗口
mfile=Menu()
menuroot.add_cascade(label='文件',menu=mfile)     #添加为级联菜单
mfile.add_command(label='新建',command=newFile)   #添加命令，将其绑定到指定函数
mfile.add_command(label='打开...',command=openFile)
recent=Menu()
mfile.add_cascade(label='最近',menu=recent)
updateRecent()                                   #更新最近访问的文件菜单
mfile.add_separator()
mfile.add_command(label='保存',command=saveRecords)
mfile.add_command(label='另存为...',command=saveAsNew)
mfile.add_separator()
```

```
mfile.add_command(label='退出',command=root.destroy)        #关闭主窗口
medit=Menu()
menuroot.add_cascade(label='编辑',menu=medit)               #添加为级联菜单
medit.add_command(label='添加记录',command=newRecord)
medit.add_command(label='删除记录',command=delRecord)
medit.add_separator()
medit.add_command(label='计算总成绩',command=doSum)
medit.add_separator()
medit.add_command(label='设置比例',command=setOption)
```

运行程序，测试各个菜单和其中的命令是否能正确打开相应的对话框，如图 11-5 所示。

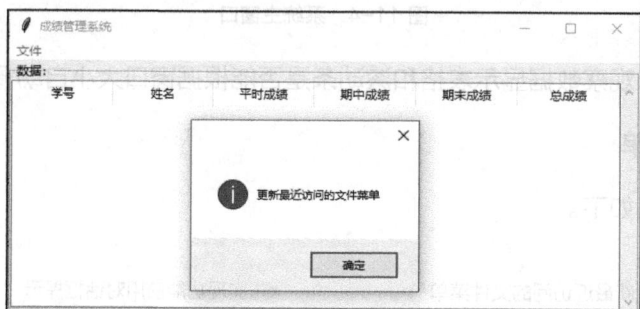

图 11-5　测试窗口菜单

11.3.3　实现"最近"菜单

系统在打开主窗口、打开文件和另存文件时，都会更新"最近"菜单。实现 "最近"菜单的代码如下。

```
'''
updateRecent(): 更新最近访问的文件菜单
从文件 recentfiles.txt 中读取最近访问的文件列表，用于创建"最近"菜单项
'''
def updateRecent():
    f=open('recentfiles.txt')
    fs=f.readlines()                                   #读取文件中的最近访问文件列表
    f.close()
    mfile.delete(3)                                    #删除原"最近"菜单项
    recent=Menu()
    mfile.insert_cascade(3,label='最近',menu=recent)    #重建"最近"菜单项
    n=1
    for c in fs:
        c=c.strip()
        recent.add_command(label=str(n)+'、'+c,
            command=lambda _fname=c:openFile(_fname))   #将文件名作为函数参数
        n+=1
def openFile(fn=None):
    showinfo('测试最近访问文件列表',fn)                    #用对话框显示接收到的文件名
    updateRecentFiles(fn)                              #更新文件访问记录
'''
```

综合实验 11-3
实现"最近"
菜单

```
updateRecentFiles(fname):
fname：当前访问的文件名，将其添加到 recentfiles.txt 的第一行
同时，调用 updateRecent()更新"最近"菜单
'''
def updateRecentFiles(fname):
    f=open('recentfiles.txt')
    fs=f.readlines()
    f.close()
    for n in range(len(fs)):
        fs[n]=fs[n].strip()                    #去掉字符串末尾的换行符
    if fname in fs:
        fs.remove(fname)                       #将原有的文件名删除
    fs.insert(0,fname)                         #当前文件名添加为第 1 项
    f=open('recentfiles.txt','w')              #用新的文件列表覆盖原文件
    for c in fs[:10]:                          #最多保存 10 条文件访问记录
        print(c,file=f)                        #写入文件，print()函数可换行
    f.close()
    updateRecent()                             #更新菜单
```

用记事本创建 recentfiles.txt 文件，添加几个保存成绩数据的 CSV 文件的文件名。示例如下。

```
D:/test11-2.csv
D:/test11-3.csv
D:/test11-1.csv
```

运行程序，测试最近访问文件菜单中各个命令能否正确将文件名传递给 openFile()函数，并观察访问过的文件名是否在"最近"菜单中更新为第一。

图 11-6 的对话框显示了菜单传递的文件名。

图 11-6　测试"最近"菜单

综合实验 11-4
实现打开文件
操作

11.3.4　实现打开文件操作

选择"文件\打开"命令时，可打开对话框并在其中选择要使用的数据文件。选择"文件\最近"菜单中的文件时，可打开相应的文件。这两种打开文件的方式均通过调用 openFile()函数实现文件打开操作。具体实现代码如下。

```
'''
openFile(fn=None)
```

fn: 为文件名，未指定参数时，用 askopenfilename() 函数显示对话框并在其中选择要使用的数据文件
函数从文件中读取数据，显示到数据显示表格中
'''

```python
def openFile(fn=None):
    if fn!=None:
        fname=fn                                    #指定文件名时，将其作为要处理的文件的文件名
    else:
        fname=askopenfilename()                     #用对话框选择要处理的文件
        if fname=='':
            return                                  #未选择文件时，不执行后续操作
    global thisFileName                             #声明全局变量后，才能在函数中为其赋值
    thisFileName=fname                              #记录当前操作的文件名
    data=[]                                         #创建用于存放文件数据的列表
    try:
        f=open(fname)
        for r in f:
            r=r.strip()                             #去掉数据末尾的换行符
            d=r.split(',')                          #用逗号作为分隔符分解字符串
            d.append('')                            #原文件中可能没有"总成绩"字段，用空字符占位
            data.append(d)                          #将保存一行数据的列表作为元素添加到总数据列表中
        f.close()
        data[0][5]='总成绩'
        rows=len(data)                              #获得总的数据行数量
        cols=6                                      #每行数据最多 6 列
        for n in treeview.get_children():
            treeview.delete(n)                      #清除现有数据
        for i in range(1,rows):                     #将数据添加到数据显示表格
            treeview.insert('', i,text='r%s'%i, values=data[i][:cols])
        fmain.config(text='数据: '+fname)
        updateRecentFiles(fname)                    #更新最近访问的文件列表
    except:
        msg='%s\n 文件格式错误！文件基本格式如下：'%fname+\
            '\n 学号,姓名,平时成绩,期中成绩,期末成绩'+\
            '\n19001,王瑶,94,78,89'+\
            '\n......'
        showerror('文件格式错误',msg)                #出错时，显示提示信息
```

运行程序，测试打开文件操作。图 11-7 显示了打开文件后的主窗口，可以看到在数据显示表格中显示了文件数据，在标题栏中显示了文件名。

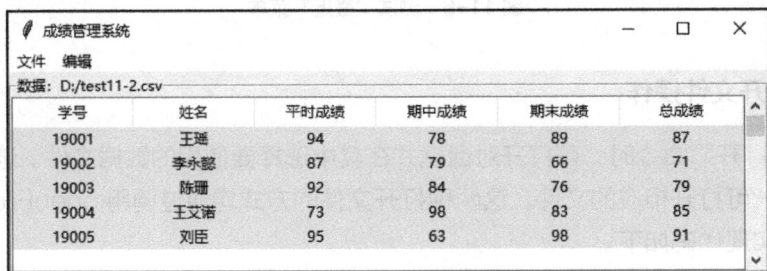

图 11-7 打开文件后的主窗口

11.3.5 实现保存操作

选择"文件\保存"命令时，执行保存操作，可将当前编辑的数据存入文件。实现保存操作的代码如下。

```
'''
saveRecords(): 将数据显示表格中的数据存入文件
'''
def saveRecords():
    if thisFileName!='':
        #有当前操作文件名时，将数据存入该文件
        f=open(thisFileName,'w')
        print('学号,姓名,平时成绩,期中成绩,期末成绩,总成绩',file=f)
        for n in treeview.get_children():
            row=treeview.item(n,"values")
            print(','.join(row),file=f)
        f.close()
        showinfo('保存文件','数据已存入: '+thisFileName)
    else:
        mfile.invoke(6)          #调用"另存为"命令绑定的函数保存现有数据
```

运行程序，选择"文件\保存"命令，此时还未打开文件，全局变量 thisFileName 为空，所以会调用"另存为"命令绑定的函数。"另存为"功能还未实现，只会显示提示对话框，如图 11-8 所示。

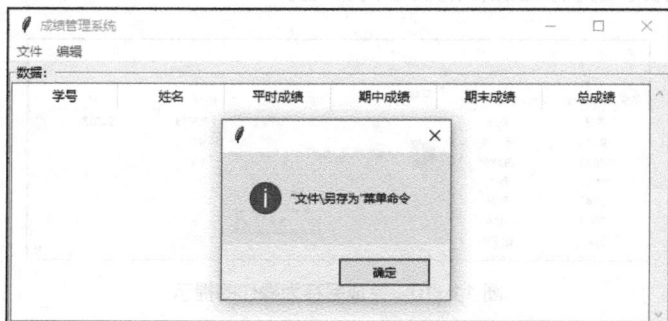

图 11-8　执行另存为操作时的提示

在打开文件后，选择"文件\保存"命令，在完成保存操作后会显示提示对话框，如图 11-9 所示。

图 11-9　完成保存操作的提示

11.3.6　实现另存为操作

选择"文件\另存为"命令时，执行另存为操作，将窗口中编辑的数据另存为新文件，实现代码如下。

```
def saveAsNew():
    global thisFileName
    fnew=asksaveasfilename(filetypes=[('CSV 文件','.csv'),],
              initialfile=thisFileName)        #显示"另存文件"对话框，选择保存文件
    if fnew=='':
        return                                 #未选择文件时，不执行保存操作
    f=open(fnew,'w')
    print('学号,姓名,平时成绩,期中成绩,期末成绩,总成绩',file=f)#输出字段名
    for n in treeview.get_children():          #遍历数据显示表格的行，将数据存入文件
        row=treeview.item(n,"values")
        print(','.join(row),file=f)
    f.close()
    fmain.config(text='数据：'+fnew)           #更新数据显示表格标题，显示新文件名
    thisFileName=fnew                          #记录当前操作的文件名
    updateRecentFiles(fnew)                    #更新最近访问的文件列表
    showinfo('另存文件','数据已存入：'+fnew)    #显示保存提示
```

运行程序，可在空白窗口或者打开文件后，选择"文件\另存为"命令执行另存为操作。图 11-10 显示了打开文件后成功完成另存为操作的提示对话框。

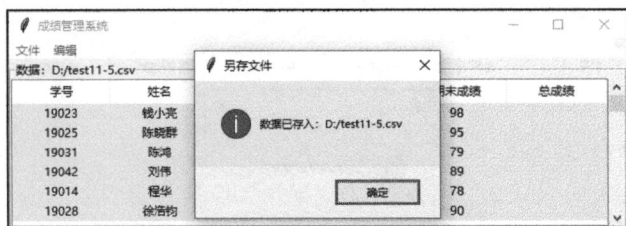

图 11-10　完成另存为操作的提示

11.3.7　实现新建操作

选择"文件\新建"命令时，如果当前有正在处理的成绩数据，则提示保存，然后清除数据显示表格中的数据，实现代码如下。

```
def newFile():
    global thisFileName
    items=treeview.get_children()
    if len(items)>0:                           #数据显示表格中有数据时，提示执行保存操作
        y=askyesno('提示','是否保存正在处理的数据？')
        if y:
            mfile.invoke(5)                    #调用"保存"命令绑定的函数执行保存操作
    thisFileName=''                            #清空记录的文件名
    fmain.config(text='数据：')                #恢复标题栏
    for n in treeview.get_children():          #清空数据显示表格中的全部数据
```

```
        treeview.delete(n)
    treeview.update()
```

运行程序，打开文件后选择"文件\新建"命令，会显示保存提示，如图 11-11 所示。单击"是"按钮后，数据显示表格中的数据以及标题栏中的文件名会被清空。

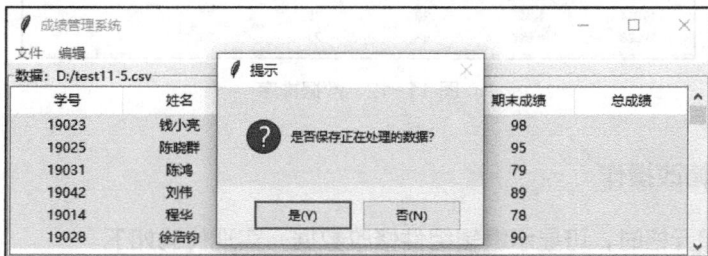

图 11-11 执行新建操作时的保存提示

11.3.8 实现数据显示表格排序操作

综合实验 11-8
实现数据显示
表格排序操作

单击数据显示表格的列标题，可按该列对数据进行排序，重复单击列标题可改变排序方式（降序或升序）。实现数据显示表格排序操作的代码如下。

```
'''
treeview_sort_column(table, col, reverse)
单击数据显示表格列标题时对该列进行排序
table: 参数为数据显示表格对象
col: 要排序的列标题
reverse: sort()方法的 reverse 参数值为 True 时，按从大到小排序，为 False 时按从小到大排序
'''
def treeview_sort_column(table, col, reverse):
    #使用列数据创建用于排序的列表，列表元素格式为(单元格值,item 编号)
    #例如[('94', 'I001'), ('87', 'I002'), ……]。
    ldata = [(table.set(k, col), k) for k in table.get_children()]
    colname = ('平时成绩','期中成绩','期末成绩','总成绩')
    def kf(a):
        return eval(a[0])                        #成绩按数值进行排序
    if col in colname:
        ldata.sort(key=kf,reverse=reverse)       #各个成绩列排序
    else:
        ldata.sort(reverse=reverse)              #学号、姓名列排序
    for index,(val,k) in enumerate(ldata):#enumerate()可为迭代项添加序号 index
        table.move(k, '', index)                 #根据排序后的索引重新排列数据显示表格数据
    #重建标题，再次单击可以按相反的顺序排序
    table.heading(col, command=lambda: treeview_sort_column(table, col, not reverse))
for col in columns:                              #为数据显示表格的列标题绑定函数，使列可排序
    treeview.heading(col, text=col, command=lambda _col=col:
                treeview_sort_column(treeview, _col, False))
```

运行程序，打开文件后，单击各个列的标题，观察数据是否成功排序。图 11-12 显示了按平时成绩从高到低排序的数据。

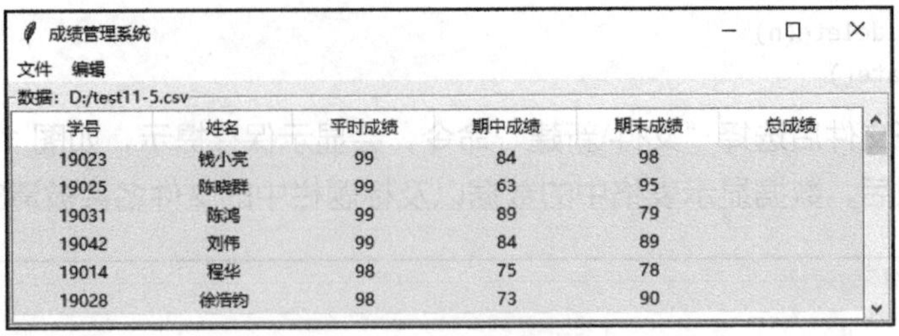

图 11-12　数据排序

11.3.9　实现数据修改操作

在表格中双击单元格时，可显示编辑组件修改数据，实现代码如下。

综合实验 11-9
实现数据修改
操作

```
'''
edit_cell(event)
执行单元格编辑操作,绑定为数据显示表格的双击事件函数
event: 事件对象。利用 event.x 和 event.y 确定鼠标位置,在该位置显示编辑组件
'''
def edit_cell(event):
    if len(treeview.selection())<1:
        return                                          #单击标题栏时不执行编辑操作
    thisitem=treeview.selection()[0]#获得选中项的 id,如 "I001",id 后 3 位是十六进制的行号
    item_text = treeview.item(thisitem, "values")       #获得选中项的值列表
    column= treeview.identify_column(event.x)           #返回双击的单元格所在的列名
    row = treeview.identify_row(event.y)                #返回双击的单元格所在的行名
    cn = int(str(column).replace('#',''))               #获得列号
    rn = int(str(row).replace('I',''),16)               #获得行号
    ftool=Frame(root)                                   #创建单元格编辑工具栏
    def exitedit(event):
        ftool.destroy()                                 #删除组件
    ftool.bind('<FocusOut>',exitedit)                   #失去焦点执行删除组件操作
    ftool.place(x=event.x,y=event.y)                    #在鼠标单击位置显示编辑组件
    text=StringVar()
    entryedit = Entry(ftool,textvariable=text)          #绑定到 StringVar 变量,便于获取输入值
    text.set(item_text[cn-1])                           #将单元格的值显示到输入框
    entryedit.pack(side=LEFT)                            #将输入框添加到编辑工具栏
    def saveedit():                                     #保存修改,并删除编辑组件
        treeview.set(thisitem, column=column, value=text.get())
        ftool.destroy()
    def escedit():                                      #取消修改,并删除编辑组件
        ftool.destroy()
    okb = ttk.Button(ftool, text='确定', width=4,command=saveedit)
    okb.pack(side=LEFT)
    escb = ttk.Button(ftool, text='取消', width=4,command=escedit)
    escb.pack(side=LEFT)
    entryedit.focus_set()                               #令文本框获得焦点
treeview.bind('<Double-1>', edit_cell)                  #为数据显示表格双击事件绑定函数,执行编辑操作
```

运行程序，在打开文件后，双击某个单元格测试数据进行修改操作，如图 11-13 所示。

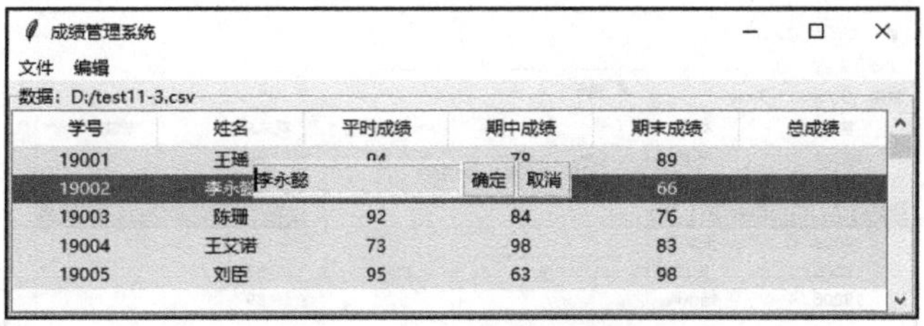

图 11-13　修改单元格数据

11.3.10　实现添加记录操作

在选择"编辑\添加记录"命令时，在数据显示表格中添加一条新记录，实现代码如下。

```
'''
newRecord(): 为数据显示表格添加一个空行，用于添加新记录
'''
def newRecord():
    columns = ('新记录','','','','','')
    n=treeview.insert('',0, values=columns)      #在数据显示表格第1行添加新记录
    treeview.see(n)                              #使其可见
    treeview.selection_set(n)                    #选中该行
```

运行程序，测试添加新记录操作，如图 11-14 所示。

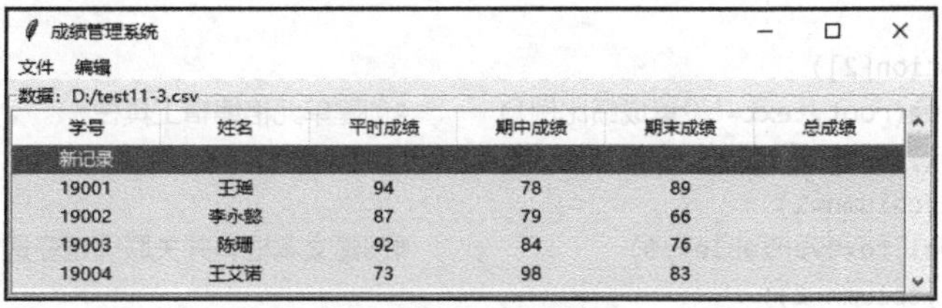

图 11-14　添加新记录

综合实验 11-10
实现添加记录
操作

11.3.11　实现删除记录操作

在选择"编辑\删除记录"命令时，删除当前选中的记录，实现代码如下。

```
'''
delRecord(): 删除当前数据显示表格中选中的记录
'''
def delRecord():
    if len(treeview.selection())<1:
        return                                   #没有选中项时不执行删除操作
    y=askyesno('提示','是否删除当前记录? ')
    if y:
        thisitem=treeview.selection()[0]         #获得选中项的 id
        treeview.delete(thisitem)                #删除记录
```

运行程序，测试删除记录操作，如图 11-15 所示。

综合实验 11-11
实现删除记录
操作

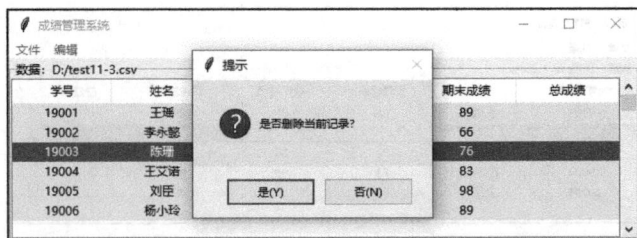

图 11-15　删除记录提示

综合实验 11-12
实现设置比例
操作

11.3.12　实现设置比例操作

在选择"编辑\设置比例"命令时，打开编辑组件，设置平时成绩、期中成绩和期末成绩在总成绩中所占的比例，实现代码如下。

```
'''
setOption():设置平时成绩、期中成绩和期末成绩在总成绩中所占的比例
将设置保存到全局变量 scaleOption 中
'''
def setOption():
    global scaleOption
    s0=DoubleVar()                               #创建绑定变量
    s0.set(scaleOption[0])                       #将当前比例设置为绑定变量初始值
    s1=DoubleVar()
    s1.set(scaleOption[1])
    s2=DoubleVar()
    s2.set(scaleOption[2])
    ftool=LabelFrame(root,text='设置成绩比例')      #创建单元格编辑工具栏
    lb1=Label(ftool,text='平时成绩: ')
    lb1.grid(row=1,column=1)
    op1 =Entry(ftool,textvariable=s0)            #创建文本框，并关联绑定变量
    op1.grid(row=1,column=2)
    lb2=Label(ftool,text='期中成绩: ')
    lb2.grid(row=2,column=1)
    op2 =Entry(ftool,textvariable=s1)
    op2.grid(row=2,column=2)
    lb3=Label(ftool,text='期末成绩: ')
    lb3.grid(row=3,column=1)
    op3 =Entry(ftool,textvariable=s2)
    op3.grid(row=3,column=2)
    def saveedit():                              #保存修改，并删除编辑组件
        a=s0.get()
        b=s1.get()
        c=s2.get()
        if (a<0) or (a>1) or (b<0) or (b>1) or (c<0) or (c>1) or\
            (a+b+c)>1:
            lb4.config(text='错误:成绩比例设置错误! ',fg='red')
        else:
            scaleOption[0]=a
            scaleOption[1]=b
            scaleOption[2]=c
```

```
                ftool.destroy()
        def escedit():                          #取消修改，并删除编辑组件
            ftool.destroy()
        def exitedit(event):                    #失去焦点，即单击组件之外的任意位置时删除组件
            ftool.destroy()
        ftool.bind('<FocusOut>',exitedit)       #绑定编辑组件的失去焦点事件处理函数
        okb = ttk.Button(ftool, text='确定', width=4,command=saveedit)
        okb.grid(row=3,column=3)
        escb = ttk.Button(ftool, text='取消', width=4,command=escedit)
        escb.grid(row=4,column=3)
        lb4=Label(ftool,text='')                #用于显示设置提示
        lb4.grid(row=4,column=1)
        ftool.place(x=100,y=20)
        op1.focus_set()                         #令文本框获得焦点
```

运行程序，测试设置比例操作，如图 11-16 所示。

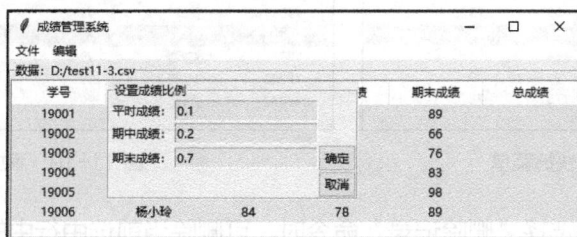

图 11-16　设置比例

综合实验 11-13
实现计算总成绩
操作

11.3.13　实现计算总成绩操作

在选择"编辑\计算总成绩"命令时，为数据显示表格中的数据重新计算总成绩，实现代码如下。

```
'''
doSum(): 根据设置，计算总成绩
'''
def doSum():
    for n in treeview.get_children():
        row=list(treeview.item(n,"values"))
        t=int(row[2])*scaleOption[0]+int(row[3])*scaleOption[1]\
                    +int(row[4])*scaleOption[2]
        treeview.set(n, column=5, value=str(round(t)))#将总成绩添加到数据显示表格
```

运行程序，测试计算总成绩操作，如图 11-17 所示。

图 11-17　计算总成绩

11.4 习题

为本单元实现的成绩管理系统添加如图 11-18 所示的快捷菜单。

具体要求如下。

（1）鼠标右键单击数据显示表格时弹出快捷菜单。如果右键单击的位置有数据，则选中该行数据。

（2）在快捷菜单中选择"添加记录"命令时，为数据显示表格添加一条新记录，如图 11-19 所示。

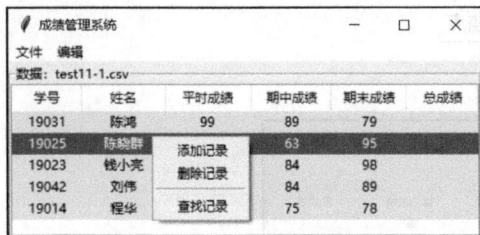

图 11-18　快捷菜单

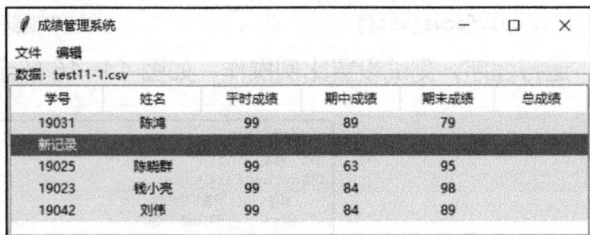

图 11-19　添加新记录

（3）在快捷菜单中选择"删除记录"命令时，可删除当前选中行中的记录。

（4）在快捷菜单中选择"查找记录"命令时，可打开"查找记录"对话框，如图 11-20 所示。在对话框中输入要查找的姓名或学号，单击"OK"按钮执行查找操作。如果有匹配的记录，选中该记录，滚动数据显示表格使其可见，如图 11-21 所示。

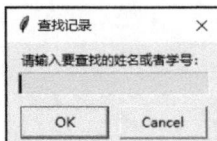

图 11-20　"查找记录"对话框

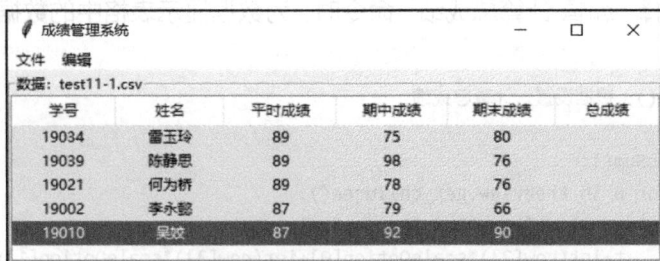

图 11-21　数据显示表格中的选中记录为查找到的记录

如果没有找到匹配的记录，对话框提示未找到匹配的记录，如图 11-22 所示。

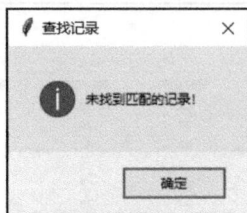

图 11-22　未找到匹配记录时的提示对话框